危险化学品安全丛书
（第二版）

"十三五"
国家重点出版物出版规划项目

应急管理部化学品登记中心
中国石油化工股份有限公司青岛安全工程研究院 ｜ 组织编写
清华大学

化学品分类与鉴定

孙万付　郭秀云　李运才　等 编著

U0231187

化学工业出版社
·北京·

内 容 简 介

《化学品分类与鉴定》为"危险化学品安全丛书"（第二版）的一个分册。

《化学品分类与鉴定》主要介绍了化学品危险性分类与鉴定的相关标准和规定，以及化学品危害信息传递的相关要求，主要包括以下几个方面的内容：化学品危险性鉴定的管理及相关要求，化学品及危险化学品的概念，国际化学品危险性分类概况，化学品危险性分类数据的获取和质量评估，我国危险化学品的确定原则，化学品危险性分类标准，国内外化学品物理危险、健康危害、环境危害的测试方法分析与比对，化学品危险性测试方法概述，化学品安全技术说明书、安全标签以及作业场所安全警示标志的相关法律法规、编写以及格式要求。本书内容翔实，数据和结论可靠，以期对化学品危险性分类与鉴定相关人员提供指导和借鉴。

《化学品分类与鉴定》可供危险化学品安全管理人员、技术人员阅读，也可供危险化学品分类与鉴定人员学习使用，还可供高等院校相关专业师生参考。

图书在版编目（CIP）数据

化学品分类与鉴定/应急管理部化学品登记中心，中国石油化工股份有限公司青岛安全工程研究院，清华大学组织编写；孙万付等编著.—北京：化学工业出版社，2020.12（2023.1重印）
（危险化学品安全丛书：第二版）
"十三五"国家重点出版物出版规划项目
ISBN 978-7-122-37360-1

Ⅰ.①化… Ⅱ.①应…②中…③清…④孙…
Ⅲ.①化工产品-危险品-分类-中国 Ⅳ.①TQ086.5

中国版本图书馆 CIP 数据核字（2020）第 121929 号

责任编辑：高 震 杜进祥 刘 丹 　　　文字编辑：林 丹 毕梅芳
责任校对：宋 玮 　　　　　　　　　　　装帧设计：韩 飞

出版发行：化学工业出版社（北京市东城区青年湖南街 13 号 　邮政编码 100011）
印 　装：北京天宇星印刷厂
710mm×1000mm 　1/16 　印张 13¼ 　字数 221 千字 　2023 年 1 月北京第 1 版第 3 次印刷

购书咨询：010-64518888 　　　　　　　售后服务：010-64518899
网 　址：http://www.cip.com.cn
凡购买本书，如有缺损质量问题，本社销售中心负责调换。

"危险化学品安全丛书"（第二版）编委会

主　任：陈丙珍　清华大学，中国工程院院士

　　　　曹湘洪　中国石油化工集团有限公司，中国工程院院士

副主任（按姓氏拼音排序）：

　　　　陈芬儿　复旦大学，中国工程院院士

　　　　段　雪　北京化工大学，中国科学院院士

　　　　江桂斌　中国科学院生态环境研究中心，中国科学院院士

　　　　钱　锋　华东理工大学，中国工程院院士

　　　　孙万付　中国石油化工股份有限公司青岛安全工程研究院/应急管理部
　　　　　　　　化学品登记中心，教授级高级工程师

　　　　赵劲松　清华大学，教授

　　　　周伟斌　化学工业出版社，编审

委　员（按姓氏拼音排序）：

　　　　曹湘洪　中国石油化工集团有限公司，中国工程院院士

　　　　曹永友　中国石油化工股份有限公司青岛安全工程研究院，教授级高
　　　　　　　　级工程师

　　　　陈丙珍　清华大学，中国工程院院士

　　　　陈芬儿　复旦大学，中国工程院院士

　　　　陈冀胜　军事科学研究院防化研究院，中国工程院院士

　　　　陈网桦　南京理工大学，教授

　　　　程春生　中化集团沈阳化工研究院，教授级高级工程师

　　　　董绍华　中国石油大学（北京），教授

　　　　段　雪　北京化工大学，中国科学院院士

　　　　方国钰　中化国际（控股）股份有限公司，教授级高级工程师

　　　　郭秀云　应急管理部化学品登记中心，主任医师

　　　　胡　杰　中国石油天然气股份有限公司石油化工研究院，教授级高
　　　　　　　　工程师

　　　　华　炜　中国化工学会，教授级高级工程师

嵇建军　中国石油和化学工业联合会，教授级高级工程师

江桂斌　中国科学院生态环境研究中心，中国科学院院士

姜　威　中南财经政法大学，教授

蒋军成　南京工业大学/常州大学，教授

李　涛　中国疾病预防控制中心职业卫生与中毒控制所，研究员

李运才　应急管理部化学品登记中心，教授级高级工程师

卢林刚　中国人民警察大学，教授

鲁　毅　北京风控工程技术股份有限公司，教授级高级工程师

路念明　中国化学品安全协会，教授级高级工程师

骆广生　清华大学，教授

吕　超　北京化工大学，教授

牟善军　中国石油化工股份有限公司青岛安全工程研究院，教授级高级工程师

钱　锋　华东理工大学，中国工程院院士

钱新明　北京理工大学，教授

粟镇宇　上海瑞迈企业管理咨询有限公司，高级工程师

孙金华　中国科学技术大学，教授

孙丽丽　中国石化工程建设有限公司，中国工程院院士

孙万付　中国石油化工股份有限公司青岛安全工程研究院/应急管理部化学品登记中心，教授级高级工程师

涂善东　华东理工大学，中国工程院院士

万平玉　北京化工大学，教授

王　成　北京理工大学，教授

王凯全　常州大学，教授

王　生　北京大学，教授

卫宏远　天津大学，教授

魏利军　中国安全生产科学研究院，教授级高级工程师

谢在库　中国石油化工集团有限公司，中国科学院院士

胥维昌　中化集团沈阳化工研究院，教授级高级工程师

杨元一　中国化工学会，教授级高级工程师

俞文光　浙江中控技术股份有限公司，高级工程师

袁宏永　清华大学，教授

袁纪武　应急管理部化学品登记中心，教授级高级工程师

丛书序言

人类的生产和生活离不开化学品（包括医药品、农业杀虫剂、化学肥料、塑料、纺织纤维、电子化学品、家庭装饰材料、日用化学品和食品添加剂等）。化学品的生产和使用极大丰富了人类的物质生活，推进了社会文明的发展。如合成氨技术的发明使世界粮食产量翻倍，基本解决了全球粮食短缺问题；合成染料和纤维、橡胶、树脂三大合成材料的发明，带来了衣料和建材的革命，极大提高了人们生活质量……化学工业是国民经济的支柱产业之一，是美好生活的缔造者。近年来，我国已跃居全球化学品第一生产和消费国。在化学品中，有一大部分是危险化学品，而我国危险化学品安全基础薄弱的现状还没有得到根本改变，危险化学品安全生产形势依然严峻复杂，科技对危险化学品安全的支撑保障作用未得到充分发挥，制约危险化学品安全状况的部分重大共性关键技术尚未突破，化工过程安全管理、安全仪表系统等先进的管理方法和技术手段尚未在企业中得到全面应用。在化学品的生产、使用、储存、销售、运输直至作为废物处置的过程中，由于误用、滥用、化学事故处理或处置不当，极易造成燃烧、爆炸、中毒、灼伤等事故。特别是天津港危险化学品仓库"8·12"爆炸及江苏响水"3·21"爆炸等一些危险化学品的重大着火爆炸事故，不仅造成了重大人员伤亡和财产损失，还造成了恶劣的社会影响，引起党中央国务院的重视和社会舆论广泛关注，使得"谈化色变""邻避效应"以及"一刀切"等问题日趋严重，严重阻碍了我国化学工业的健康可持续发展。

危险化学品的安全管理是当前各国普遍关注的重大国际性问题之一，危险化学品产业安全是政府监管的重点、企业工作的难点、公众关注的焦点。危险化学品的品种数量大，危险性类别多，生产和使用渗透到国民经济各个领域以及社会公众的日常生活中，安全管理范围包括劳动安全、健康安全和环境安全，危险化学品安全管理的范围包括从"摇篮"到"坟墓"的整个生命周期，即危险化学品生产、储存、销售、运输、使用以及废弃后的处理处置活动。"人民安全是国家安全的基石。"过去十余年来，科技部、国家自然科学基金委员会等围绕危险化学品安全设置了一批重大、重点项目，取得了示范性成果，愈来愈多的国内学者投身于危险化学品安全领域，推动了危险化学品安全技术与管理方法的不断创新。

自 2005 年"危险化学品安全丛书"出版以来,经过十余年的发展,危险化学品安全技术、管理方法等取得了诸多成就,为了系统总结、推广普及危险化学品安全领域的新技术、新方法及工程化成果,由应急管理部化学品登记中心、中国石油化工股份有限公司青岛安全工程研究院、清华大学联合组织编写了"十三五"国家重点出版物出版规划项目"危险化学品安全丛书"(第二版)。

丛书的编写以党的十九大精神为指引,以创新驱动推进我国化学工业高质量发展为目标,紧密围绕安全、环保、可持续发展等迫切需求,对危险化学品安全新技术、新方法进行阐述,为减少事故,践行以人民为中心的发展思想和"创新、协调、绿色、开放、共享"五大发展理念,树立化工(危险化学品)行业正面社会形象意义重大。丛书全面突出了危险化学品安全综合治理,着力解决基础性、源头性、瓶颈性问题,推进危险化学品安全生产治理体系和治理能力现代化,系统论述了危险化学品从"摇篮"到"坟墓"全过程的安全管理与安全技术,丛书包括危险化学品安全总论、化工过程安全管理、化学品环境安全、化学品分类与鉴定、工作场所化学品安全使用、化工过程本质安全化设计、精细化工反应风险与控制、化工过程安全评估、化工过程热风险、化工安全仪表系统、危险化学品储运、危险化学品消防、危险化学品企业事故应急管理、危险化学品污染防治等内容。丛书是众多专家多年潜心研究的结晶,反映了当今国内外危险化学品安全领域新发展和新成果,既有很高的学术价值,又对学术研究及工程实践有很好的指导意义。

相信丛书的出版,将有助于读者了解最新、较全的危险化学品安全技术和管理方法,对减少化学品事故、提高危险化学品安全科技支撑能力、改变人们"谈化色变"的观念、增强社会对化工行业的信心、保护环境、保障人民健康安全、实现化工行业的高质量发展具有重大意义。

中国工程院院士 陈丙珍

中国工程院院士 曾禄荣

2020 年 10 月

丛书第一版序言

危险化学品，是指那些易燃、易爆、有毒、有害和具有腐蚀性的化学品。危险化学品是一把双刃剑，它一方面在发展生产、改变环境和改善生活中发挥着不可替代的积极作用；另一方面，当我们违背科学规律、疏于管理时，其固有的危险性将对人类生命、物质财产和生态环境的安全构成极大威胁。危险化学品的破坏力和危害性，已经引起世界各国、国际组织的高度重视和密切关注。

党中央和国务院对危险化学品的安全工作历来十分重视，全国各地区、各部门和各企事业单位为落实各项安全措施做了大量工作，使危险化学品的安全工作保持着总体稳定，但是安全形势依然十分严峻。近几年，在危险化学品生产、储存、运输、销售、使用和废弃危险化学品处置等环节上，火灾、爆炸、泄漏、中毒事故不断发生，造成了巨大的人员伤亡、财产损失及环境重大污染，危险化学品的安全防范任务仍然相当繁重。

安全是和谐社会的重要组成部分。各级领导干部必须树立以人为本的执政理念，树立全面、协调、可持续的科学发展观，把人民的生命财产安全放在第一位，建设安全文化，健全安全法制，强化安全责任，推进安全科技进步，加大安全投入，采取得力的措施，坚决遏制重特大事故，减少一般事故的发生，推动我国安全生产形势的逐步好转。

为防止和减少各类危险化学品事故的发生，保障人民群众生命、财产和环境安全，必须充分认识危险化学品安全工作的长期性、艰巨性和复杂性，警钟长鸣，常抓不懈，采取切实有效措施把这项"责任重于泰山"的工作抓紧抓好。必须对危险化学品的生产实行统一规划、合理布局和严格控制，加大危险化学品生产经营单位的安全技术改造力度，严格执行危险化学品生产、经营销售、储存、运输等审批制度。必须对危险化学品的安全工作进行总体部署，健全危险化学品的安全监管体系、法规标准体系、技术支撑体系、应急救援体系和安全监管信息管理系统，在各个环节上加强对危险化学品的管理、指导和监督，把各项安全保障措施落到实处。

做好危险化学品的安全工作，是一项关系重大、涉及面广、技术复杂的系统工程。普及危险化学品知识，提高安全意识，搞好科学防范，坚持化害为利，是各级党委、政府和社会各界的共同责任。化学工业出版社组织编写的"危险化学品安全丛书"，围绕危险化学品的生产、包装、运输、储存、营销、使用、消防、事故应急处理等方面，系统、详细地介绍了相关理论知识、先进工艺技术和科学管理制度。相信这套丛书的编辑出版，会对普及危险化学品基本知识、提高从业人员的技术业务素质、加强危险化学品的安全管理、防止和减少危险化学品事故的发生，起到应有的指导和推动作用。

李毅中

2005 年 5 月

前　言

化学工业是国民经济的重要基础产业，在国民经济发展中具有举足轻重的地位。我国是世界上最大的化学品生产国，化学品生产和使用已渗透到国民经济各个领域以及社会生活的方方面面，对于社会经济发展、人民生活质量提高具有重要作用。

化学品特别是危险化学品固有的易燃、易爆、有毒、腐蚀等危害性，在生产、加工、储存、运输、销售、使用以及废弃过程中皆存在安全风险，一旦发生化学事故，则会对人体健康和生态环境造成重大危害。如果对化学品安全信息缺乏了解，一方面危险化学品各个环节会存在较大事故隐患，无法进行有针对性的管理、操作、防护与风险控制，另一方面在事故发生时会束手无策、贻误时机，最终导致事态扩大，造成严重影响。

化学品危险性分类与鉴定是获取化学品危险性信息的重要渠道，是危险化学品安全管理的重要基础工作。通过对新化学品和危险性不明化学品进行危险性鉴定实验，获取安全数据，从源头掌握化学品的危险特性，按照联合国《全球化学品统一分类和标签制度》（Globally Harmonized System of Classification and Labelling of Chemicals，GHS）分类标准进行分类和危险性公示，确保化学品危害信息向下游用户准确传递，使在生产、经营、储存、运输、使用乃至废弃中接触危险化学品的人们能够及时获取化学品的危险性信息，采取适当的防护措施，降低化学品对人类健康和生态环境带来的风险。

针对化学品危险性鉴定与分类，国际劳工组织、欧盟、美国等都制定了相对完善的法律、法规体系。国际劳工组织于 1990 年讨论通过了《作业场所安全使用化学品公约》（以下简称 170 号国际公约），要求其成员国根据国家或国际标准建立分类与鉴定制度或专门标准，对所有化学品按其固有的安全和卫生方面的危险特性进行评估分类，以确定某种化学品是否为危险品。欧盟早在 1967 年就发布了指令 67/548/EEC，1999年发布了指令 1999/45/EC，要求化学品或配制剂均要进行分类和标识，对任何新化学物质或配制剂，只要生产或销售量超过 10kg，就需要进行试验，评估其对人体健康和环境的影响。2006 年发布的《关于化学品注册、评估、许可和限制法规》（Registation，Evaluation，Authorisation and Restriction of Chemicals，简称 REACH），对化学品的试验和评估进行了严格规定，现有化学物质将接受与新物质相同的试验程序。美国早在 20 世纪 80 年代就建立了化学品安全监管体系，同时根据安全监管的需要建立了化学品鉴别分类所需的实验手段和方法。美国职业安全卫生管理局（Occupational Safety and Health Agency，OSHA）颁布的《危害信息传递标准》（Hazard Communication Standard，HCS）29 CFR 1910.1200 规定，所有生产和进口化学品均要求进行危害性评估，且有害信息应传递到企业主和雇员。

我国政府高度重视化学品危险性的分类、鉴定与化学品危害信息传递工作，1994 年 10 月第八届全国人大常委会第十次会议审议批准 170 号国际公约在中国正式实施。1996 年，劳动部和化学工业部颁布的《工作场所安全使用化学品规定》要求"生产单位应对所生产的化学品进行危险性鉴别，并对其进行标识"。《危险化学品安全管理条例》（国务院令第 591 号）明确规定对化学品的危险特性尚未确定的，由国务院安全生产监督管理部门、国务院环境保护主管部门、国务院卫生主管部门分别负责组织对该化学品的物理危险性、环境危害、毒理特性进行鉴定，也明确规定危险化学品生产企业应当提供与其生产的危险化学品相符的化学品安全技术说明书，并在危险化学品包装（包括外包装件）上粘贴或者拴挂与包装内危险化学品相符的化学品安全标签，以确保化学品危害信息能及时传递到经营、储存、运输、使用等下游用户。为了落实《危险化学品安全管理条例》的各项要求，主管部门相继发布或修订了《危险化学品目录（2015 版）》及其实施指南、《化学品物理危险性鉴定与分类管理办法》《危险化学品登记管理办法》《新化学物质环境管理办法》《化学品毒性鉴定管理规范》以及《化学品分类和标签规范》（GB 30000）系列国家标准、《化学品安全技术说明书　内容和项目顺序》（GB/T 16483—2008）、《化学品安全技术说明书编写指南》（GB/T 17519—2013）、《化学品安全标签编写规定》（GB 15258—2009）等文件，以规范这些工作的落实。

本书作为"十三五"国家重点出版物出版规划项目"危险化学品安全丛书"（第二版）分册之一，详尽介绍了化学品物理危险、健康危害、环境危害的分类与鉴定的相关标准和规定，分类数据质量评估以及分类数据的来源和获取，我国化学品管理制度中对化学品危害信息传递的相关要求等，可供各级政府化学品安全监管部门、危险化学品生产企业和进出口贸易公司、化学品危险性测试实验室中从事化学品危险性鉴定和分类的专业技术人员使用，同时也可供高等院校相关专业师生参考。

本书第一章、第六章由李运才编写；第二章由王亚琴编写；第三章由张金梅和吴保意编写；第四章由陈金合编写；第五章由陈军编写。

在此，谨向对本书编写工作给予大力支持的相关领导和专家表示由衷感谢。由于作者水平有限，书中难免存在疏漏，恳请读者批评指正。

编著者
2020 年 4 月

目 录

第三章 化学品物理危险性鉴定 59

第五章　化学品环境危害鉴定　130

绪　论

第一节　法律、法规及标准的总体要求

化学品危险性包括物理危险、健康危害和环境危害。化学品物理危险性[1,2]是指化学品所具有的爆炸性、燃烧性（易燃或可燃性、自燃性、遇湿易燃性）、自反应性、氧化性、高压气体危险性、金属腐蚀性等。具有物理危险的化学品是指按照《化学品分类和标签规范》（GB 30000）系列国家标准以及《危险化学品目录（2015 版）》关于危险化学品的确定原则[3]，判定为爆炸物、易燃气体、气溶胶（又称气雾剂）、氧化性气体、加压气体、易燃液体、易燃固体、自反应物质和混合物、自燃液体、自燃固体、自热物质和混合物、遇水放出易燃气体的物质和混合物、氧化性液体、氧化性固体、有机过氧化物、金属腐蚀物的化学品。

化学品健康危害[1,2]是指根据已确定的科学方法进行研究，由得到的统计资料证实，接触某种化学品对人员健康造成的急性或慢性危害。具有健康危害的化学品是指按照《化学品分类和标签规范》（GB 30000）系列国家标准以及《危险化学品目录（2015 版）》关于危险化学品的确定原则，判定为具有急性毒性、皮肤腐蚀/刺激、严重眼损伤/眼刺激、呼吸道或皮肤致敏、生殖细胞致突变性、致癌性、生殖毒性、特异性靶器官毒性-一次接触、特异性靶器官毒性-反复接触、吸入危害的化学品。

化学品环境危害是指化学品进入环境后，通过环境蓄积、生物累积、生物转化或化学反应等方式损害人类健康和生存环境，或者通过接触对人体、环境造成的严重危害和具有的潜在危害。具有环境危害的化学品是指按照《化学品分类和标签规范》（GB 30000）系列国家标准以及《危险化学品目录（2015 版）》关于危险化学品的确定原则，判定为危害水生环境、危害臭氧层的化学品。

为了加强化学品的管理，保障化学品作业人员的安全和健康，1990 年 6

月国际劳工组织通过了《作业场所安全使用化学品公约》（简称 170 号公约）。为了落实该公约，1994 年 10 月第八届全国人民代表大会常务委员会第十次会议审议通过了《作业场所安全使用化学品公约》。170 号公约要求各成员国对所有化学品按其固有的安全和卫生方面的危险特性进行评价分类，确定其危害性，同时要求分类制度及其实施应逐步推广[4]。

为了促进 170 号公约的实施，1996 年 12 月劳动部和化学工业部发布了《工作场所安全使用化学品规定》（劳部发〔1996〕423 号），要求生产单位应对所生产的化学品进行危险性鉴定，并对其进行标识，这标志着 170 号公约在我国全面实施。

《危险化学品安全管理条例》（国务院令第 591 号，以下简称《条例》）第一百条规定："化学品的危险特性尚未确定的，由国务院安全生产监督管理部门、国务院环境保护主管部门、国务院卫生主管部门分别负责组织对该化学品的物理危险性、环境危害性、毒理特性进行鉴定。"《危险化学品登记管理办法》（国家安全生产监管总局令第 53 号）第二十一条规定："对危险特性尚未确定的化学品，登记企业应当按照国家关于化学品危险性鉴定的有关规定，委托具有国家规定资质的机构对其进行危险性鉴定。"为了落实《条例》的要求，国家安全生产监督管理总局制定了《化学品物理危险性鉴定与分类管理办法》（国家安全生产监督管理总局令第 60 号，以下简称《鉴定办法》），并相继发布了该办法的系列配套文书、《化学品物理危险性测试导则》《化学品物理危险性鉴定机构条件》等文件。就化学品毒理特性、环境危害性鉴定，国家卫生和计划生育委员会、环境保护部也分别制定了相关管理办法。

在标准制定方面，国家相继颁布了化学品危险性的分类标准，例如《化学品分类和标签规范》（GB 30000）系列国家标准；制定了 30 余项实验鉴定方法标准，例如《危险品 易燃固体自热试验方法》（GB/T 21612）、《危险品 固体氧化性试验方法》（GB/T 21617）、《危险品 易燃固体燃烧速率试验方法》（GB/T 21618）、《危险品 金属腐蚀性试验方法》（GB/T 21621）、《闪点的测定 快速平衡闭杯法》（GB/T 5208）等。

上述法规、标准的实施，促进了化学品危险性分类与鉴定工作的开展。

第二节　化学品物理危险性鉴定

化学品危险性鉴定与分类，是指依据有关国家标准或者行业标准进行测试，对化学品危险性鉴定结果或者相关数据资料进行评估，确定化学品的危险性分类与类别的过程。

按照《鉴定办法》，化学品生产、进口单位应当对本单位生产或者进口的化学品进行普查和物理危险性辨识，对其中物理危险性不明的化学品应当进行物理危险性鉴定[5]。

一、化学品物理危险性鉴定的内容

化学品物理危险性鉴定的内容包括两个方面：一是对 16 类物理危险种类进行鉴定所需要测试的参数或指标，包括爆炸物、易燃气体、气溶胶（又称气雾剂）、氧化性气体、加压气体、易燃液体、易燃固体、自反应物质和混合物、自燃液体、自燃固体、自热物质和混合物、遇水放出易燃气体的物质和混合物、氧化性液体、氧化性固体、有机过氧化物、金属腐蚀性；二是与物理危险性分类相关的参数或指标，例如蒸气压、熔点、沸点、状态、自燃温度等理化特性和化学稳定性及反应性等。

二、化学品物理危险性鉴定的方法

化学品物理危险性鉴定按照《化学品物理危险性测试导则》进行，该导则是按照联合国《关于危险货物运输的建议书 试验和标准手册》（以下简称《试验和标准手册》）（第五修订版）制订的。导则涵盖了爆炸物、自反应物质和混合物、有机过氧化物、气溶胶、易燃液体、易燃固体、自燃固体、自燃液体、自热物质、遇水放出易燃气体的物质、氧化性固体、氧化性液体、易燃气体、金属腐蚀物等化学品的 59 个物理危险性试验方法。

《化学品物理危险性测试导则》是《鉴定办法》的配套文件，是化学品物理危险性鉴定机构开展化学品物理危险性鉴定工作的依据。

对于蒸气压、自燃温度、熔点、固液鉴别等测试项目优先选择国家标准、行业标准进行测试，国家标准、行业标准未规定的，可以按照国际、发达国家发布的标准进行测试[6]。

三、化学品物理危险性的分类

对化学品进行危险性分类是《全球化学品统一分类和标签制度》（GHS）的基本要求，也是政府、企业对危险化学品进行管理的基础。因此，对本企业生产或进口的化学品进行危险性分类是化学品企业的基本责任。

由于 GHS 分类非常复杂，不同化学品单位对化学品的分类将会千差万别。为保证分类结果的准确性和一致性，《鉴定办法》规定：化学品单位应当根据鉴定报告以及其他物理危险性数据资料编制物理危险性分类报告；应急管理部化学品登记中心应当对分类报告进行综合性评估，并在规定时间内向化学品单位出具审核意见。

化学品物理危险性按照《化学品分类和标签规范》（GB 30000.2～30000.17）系列国家标准以及《危险化学品目录（2015 版）》关于危险化学品的确定原则进行分类。

四、系列鉴定和联合鉴定

鉴于农药、涂料等化学品品种很多，有些品种用途相似、组分接近且物理危险性无明显差异，为了避免不必要的重复鉴定，《鉴定办法》规定对于这类化学品，化学品企业可以向鉴定机构申请系列鉴定。

为了减轻企业负担，多个化学品企业可以联合起来对其生产或进口的同一品种化学品申请物理危险性鉴定。考虑到某些情况下物质的外观状态，特别是固体物质的外观状态对其危险性会产生影响，联合鉴定的化学品除了成分一致外，其外观状态也应一致或者不影响其物理危险性分类。联合鉴定的多个化学品单位应当指定一家作为牵头申请鉴定单位。

第三节　化学品健康危害鉴定

为了规范化学品毒性鉴定工作，加强对化学品毒性鉴定工作的管理，根据《中华人民共和国职业病防治法》和《危险化学品安全管理条例》等法律法规的规定，卫生部组织制订了《化学品毒性鉴定管理规范》（卫法监发〔2000〕420 号）和《化学品毒性鉴定技术规范》（卫监督发〔2005〕272 号）；2015 年 6 月，国家卫生计生委对《化学品毒性鉴定管理规范》进行了修订。

一、毒性鉴定的内容

化学品毒性鉴定的内容包括急性毒性、皮肤腐蚀/刺激、严重眼损伤/眼刺激、呼吸道或皮肤致敏、生殖细胞致突变性、致癌性、生殖毒性、特异性靶器官毒性-一次接触、特异性靶器官毒性-反复接触、吸入危害等。

二、毒性鉴定的方法与健康危害分类

化学品毒性鉴定按照《化学品毒性鉴定技术规范》规定的试验方法进行。该规范包括化学品第一阶段至第四阶段的急性吸入毒性试验、急性经皮毒性试验等 28 个试验和 14 个参考试验[7]。

化学品健康危害分类按照《化学品分类和标签规范》（GB 30000.18～30000.27）系列国家标准，以及《危险化学品目录（2015 版）》关于危险化学品的确定原则进行分类。

第四节　化学品环境危害鉴定

一、环境危害鉴定的内容

化学品环境危害鉴定的内容包括对水生环境的危害、对臭氧层的危害等。

二、环境危害鉴定的方法与分类

化学品环境危害鉴定按照《化学品测试导则》（HJ/T 153）及《化学品测试方法》（第二版）系列丛书（中国环境出版社）[8] 进行。导则主要参照经济合作与发展组织（Organization for Economic Cooperation and Development，OECD）的化学品测试准则的框架和内容制定，规定了对化学品的理化特性、生物系统效应、降解与蓄积、健康效应四个方面固有性质的测试要求。《化学品测试方法：生物系统效应卷》（第二版）介绍了测试化学品对生物体和生态系统影响的 36 个方法。代表性的试验生物为藻类、鱼类、线蚓、陆生植物和动物、两栖动物和微生物。每个方法均对样品必备资料、测试目的、原理、仪器设备、操作方法与程序、质量保证与质量控制、数据报告等做了原则性叙述和规定，用以规范测试操作，保证测试数据的质量。《化学品测试方法 3：降解与蓄积卷》（第二版）介绍了国际上普遍采用的化学品降解测试方法 29 个、生物蓄积测试方法 8 个。每个方法对受试物的必备资料、测试原理、仪器设备、操作方法和程序、质量控制、数据报告等做了原则性叙述和规定，用以规范测试操作，保证测试数据的质量。《化学品测试方法 4：健康效应卷》（第二版）介绍了 73 个常用的化学品健康效应测试方法，供有关方面在对化学品进行危害性筛查、鉴别和分类时使用，所得结果可用来评价其对健康的影响和环境风险，以便在研发、生产、使用、废弃处置等过程中采取有效措施，最大限度防控其风险。

化学品环境危害分类按照《化学品分类和标签规范》（GB 30000.28～30000.29）系列国家标准，以及《危险化学品目录（2015 版）》关于危险化学品的确定原则进行分类。

第五节　前沿展望

化学品危险性鉴定与分类工作在发达国家和组织已经取得了重要的进展，并已在化学品安全管理、避免事故扩大、降低事故对生命和环境的危害及财产损失方面发挥着重要的作用。

GHS 制度对于化学品固有危险性的分类与评估日趋完善，一些新的危险性类别已逐步纳入到 GHS 分类中。我国《化学品分类和标签规范》（GB 30000.2～30000.29—2013）系列国家标准是根据 GHS 第四修订版制订的，目前 GHS 最新版是第八修订版。与第四修订版相比，某些危险性分类发生了较大变化，使 GHS 分类更趋于合理。

1. 增加了"退敏爆炸物"分类

对固态或液态爆炸性物质或混合物，如果加入一定量的水、酒精或其他物质形成均质混合物后，不再具有整体爆炸、快速燃烧等特性，继续划入"爆炸物"危险类别显然不能代表其本身的特性，管理方式与"爆炸物"也应该有较大的不同。基于这一点，对经过退敏处理而抑制了爆炸性的这类物质，自第六修订版[9]，GHS 增加了"退敏爆炸物"这一危险类别。

GHS 第八修订版根据退敏爆炸物校正燃烧速率的大小将其分类为类别 1 至类别 4 共 4 个类别[10]。

生产实际中，对退敏爆炸物应进行处理，使其能在正常存放和搬运中保持匀质而不会松散析出，尤其是经湿润退敏处理的爆炸物。生产商或供应商应在其化学品安全技术说明书中说明存放期以及退敏情况。需要特别注意的是，有些情况下，抑制剂（即减敏剂、湿润剂或处理剂）含量在流通和使用环节中可能会减少，退敏爆炸物的潜在危险可能因此上升。此外，化学品安全技术说明书中应载有提示，说明在该物质或混合物抑制剂不足时应如何避免增加起火、爆炸或迸射的危险。

目前，我国《化学品分类和标签规范》（GB 30000.2～30000.29—2013）系列国家标准及《危险化学品目录（2015 版）》未将退敏爆炸物纳入分类体系，导致目前这类危险化学品无法纳入正常管理。例如，某企业生产 2,4,6-三硝基苯酚（含水≥30%）和 4,6-二硝基-2-氨基苯酚钠（含水≥20%）两种产品。其中 2,4,6-三硝基苯酚（含水≥30%）是有机中间体，大量用于生产农药氯化苦，本身是一种酸性染料，亦用于制造染料，常用于有机碱的离析和提纯，还可用于钢厂脱硫，在我国染料、农药和钢产业等方面用途广泛。4,6-二硝基-2-氨基苯酚钠（含水≥20%）用于制造偶氮燃料及中间体等，在染料产业发挥着不可替代的作用。这两种产品均属于退敏爆炸物，但我国未将该类危险化学品纳入分类体系，导致其安全管理无法可依。

2. 气雾剂一章增加了"加压化学品"

加压化学品是指在 20℃时，气体与液体或固体（例如糊状物或粉末状物）混合装在压力容器内（非气雾罐），其压力大于或等于 200kPa，且不满足加压气体定义的化学品。

例如，某些气雾剂生产企业为了储存、运输方便，在容器设计时，将压力容器与释放装置单独设计，按照两个组件进行储存、运输，使用时将释放装置旋入压力容器就可以作为气雾剂使用，这种产品就属于加压化学品。

根据所含易燃组分的数量和燃烧热情况，加压化学品分为类别 1 至类别 3 共 3 个类别[10]。

加压化学品中的易燃组分主要包括易燃气体、易燃液体和易燃固体，这点和气雾剂相同，发火物质、自热物质以及遇水放出易燃气体的物质不能用在加压化学品中。

3. 修订了易燃气体的分类标准

目前，我国易燃气体按照《化学品分类和标签规范　第 3 部分：易燃气体》（GB 30000.3—2013）分类为类别 1、类别 2、化学不稳定性气体类别 A、化学不稳定性气体类别 B[11]。其分类及标签要素分配情况如表 1-1 所示。

表 1-1　目前我国易燃气体的分类及标签要素分配

项目	易燃气体		化学不稳定性气体	
	类别 1	类别 2	类别 A	类别 B
象形图		无	无	无

续表

项目	易燃气体		化学不稳定性气体	
	类别 1	类别 2	类别 A	类别 B
信号词	危险	警告	无	无
危险性说明	极易燃气体	易燃气体	无空气也可能迅速反应	在高压或高温条件下，无空气也可能迅速反应

上述分类存在不合理性。例如，按照 GHS 规定，乙炔、环氧乙烷、甲基乙烯醚、氯乙烯均属于化学不稳定性气体，实际上这些气体都是易燃的，但其安全标签、作业场所安全警示标志以及化学品安全技术说明书上没有"易燃"象形图、没有信号词，危险性说明也没反映出这类物质的危险性，很易误导现场作业人员，从而带来一定安全隐患。

GHS 第八修订版修订了易燃气体的分类标准，易燃气体分为类别 1A、类别 1B 和类别 2，类别 1A 包括易燃气体、发火气体、化学不稳定性气体类别 A、化学不稳定性气体类别 B[10]。其分类及标签要素分配情况如表 1-2 所示。

表 1-2　GHS 第八修订版易燃气体的分类及标签要素分配

项目	类别 1A				类别 1B	类别 2
	易燃气体	发火气体	化学不稳定性气体		易燃气体	易燃气体
			类别 A	类别 B		
象形图	⬥🔥	⬥🔥	⬥🔥	⬥🔥	⬥🔥	无
信号词	危险	危险	危险	危险	危险	警告
危险性说明	极端易燃气体	极端易燃气体，暴露在空气中可自燃。	极端易燃气体。即使在没有空气的条件下仍可能发生爆炸反应。	极端易燃气体。在高压或高温条件下，即使没有空气，仍可能发生爆炸反应。	易燃气体	易燃气体

由表 1-1、表 1-2 可以看出，表 1-2 的分类和标签要素分配更合理，充分体现了不同易燃气体的危险特性。

另外，GHS 制度使化学品的分类与危险性公示标准得到了统一，但并未建立统一的化学品分类清单。一些国家的主管当局已按照 GHS 的要求制定了强制性或推荐性的化学品分类名单。然而，不同国家/地区分类清单并不一致，从而导致危险性信息公示也不同。此外，还有许多国家/地区未制定分类清单。鉴于以上问题，GHS 小组委员会的专家探讨了制定一份全球化学品统一分类清单的可能性，以为缺乏分类清单的国家/地区提供指导，同时帮助规范全球范围内的化学品分类，避免重复的分类工作。

总之，随着 GHS 制度的不断完善，我国化学品危险性分类的有关国家标准及危险化学品分类原则也应及时进行修订，以与国际 GHS 制度保持一致。

参考文献

［1］ 李运才，郭秀云．美国化学品危害信息的传递［J］．安全健康和环境，2006，6（10）：2-4.

［2］ 化学品安全标签编写规定［S］．GB 15258—2009.

［3］ 国家安全生产监督管理总局，工业和信息化部，公安部，等．危险化学品目录．2015.

［4］ 国际劳工组织．作业场所安全使用化学品公约．1990.

［5］ 国家安全生产监督管理总局．化学品物理危险性鉴定与分类管理办法．2013.

［6］ 国家安全生产监督管理总局．化学品物理危险性测试导则．2014.

［7］ 国家卫生计生委．化学品毒性鉴定技术规范．2015.

［8］ 环境保护部化学品登记中心，《化学品测试方法》编委会编．化学品测试方法［M］．北京：中国环境出版社，2013.

［9］ Globally Harmonized System of Classification and Labelling of Chemicals（GHS）．Sixth revised edition．New York and Geneva：United Nations，2015.

［10］ Globally Harmonized System of Classification and Labelling of Chemicals（GHS）．Eighth revised edition．New York and Geneva：United Nations，2019.

［11］ 化学品分类和标签规范 第 3 部分：易燃气体［S］．GB 30000.3—2013.

第二章

危险化学品及其分类

第一节　化学品及危险化学品的定义

一、化学品的定义

化学品，通常用于泛指化学物质、化学试剂、化学工业原料和产品等。《作业场所安全使用化学品公约》（简称 170 号公约）、《关于在国际贸易中对某些危险化学品和农药采用事先知情同意程序的鹿特丹公约》（简称《鹿特丹公约》）和《关于化学品国际贸易资料交换的伦敦准则》中明确给出了"化学品"一词的定义。

国际劳工组织 170 号公约中[1]，将化学品定义为各种单质、化合物及其混合物，无论其是天然的还是人工合成的。

《鹿特丹公约》[2] 中，将化学品定义为一种物质，无论是该物质本身还是其混合物或制剂的一部分，无论是人工制造的还是取自大自然的，但不包括任何生物体。它由以下类别组成：农药（包括农药制剂）和工业化学品。

联合国环境规划署《关于化学品国际贸易资料交换的伦敦准则》[3] 中，将化学品定义为化学物质，无论是物质本身、混合物还是配制物的一部分，是制造的还是来自自然界，还包括作为工业化学品和农药使用的物质。

我国《化学品毒性鉴定技术规范》[4] 中，将化学品定义为工业用和民用的化学原料、中间体、产品等单分子化合物、聚合物以及不同化学物质组成的混合剂与产品；不包括法律、法规已有规定的食品、食品添加剂、化妆品、药品等。《化学品安全技术说明书　内容和项目顺序》[5]（GB/T 16483—2008）中，化学品为物质和混合物。

与化学品相关的两个概念是化学物质和混合物。在 GHS 中将化学物质定义为自然状态下或通过任何生产过程得到的化学元素及其化合物，包括维持产品稳定所需的任何添加剂和派生于所有过程的任何杂质，但不包括可以分离而不影响化学物质稳定性或改变其组成的任何溶剂。《〈中国现有化学物质名录〉增补申报技术规程》[6] 将化学物质定义为任何有特定分子标识的有机物质或无机物质，包括：①整体或部分地由化学反应产生的物质或者天然存在物质的任何化合物；②任何元素或非化合的原子团。化学物质包括元素、化合物（含其中的添加剂和杂质）、副产物、反应中间体和聚合物，但不包括混合物、制品（剂）和物品。

GHS[7] 中对于混合物的定义为：两种及以上物质组成但不发生反应的混合物或溶液。欧盟 REACH 没有混合物的定义，但其配制品的定义为：由两种或两种以上物质组成的混合物或溶液。欧盟 REACH 的"配制品"虽然与"混合物"术语表达不同，但其所表述的含义是一致的。为了与 GHS 一致，欧盟在相关文件中作了用"混合物"代替"配制品"的说明。

我国对化学物质的定义与国际基本一致，但是在管理上，常使用"化学品"一词，一般不使用"化学物质"的概念。国内外对于混合物的定义表达方式不同，但都表示混合物是人为操作的，不是化学物质反应的结果。但我国的实际化学品管理中，默认由两种及以上的成分组成即为混合物，包括反应形成的和人为配制的。

二、危险化学品的定义

1987 年 2 月 17 日，国务院发布了《化学危险物品安全管理条例》[8]（以下简称《危险物品条例》），目的是加强对化学危险物品的安全管理，保证安全生产，保障人民生命财产的安全，保护环境。该条例将化学危险物品定义为"中华人民共和国国家标准《危险货物分类和品名编号》（GB 6944—1986）规定的分类标准中的爆炸品、压缩气体和液化气体、易燃液体、易燃固体、自燃物品和遇湿易燃物品、氧化剂和有机过氧化物、毒害品和腐蚀品七大类"。自 1987 年国务院发布《危险物品条例》以来，我国改革开放逐步深入，国内经济的市场化程度和参与国际经济循环的程度发生了深刻变化。同时，化学品生产、使用、流通的安全形势也出现了新情况，产生了新的管理要求。因我国经济成分构成的变化，不同的运作机制和不同的竞争方式造成了化学品安全管理复杂的局面。在一些地区，以牺牲安全为代价获取短期、局部的经济利益的情况很多，整体安全素质下降趋势比较明显。严峻的形势迫切要求建立危险化学品监控机制，制定更加完备的危险化学品安全管理法规，加大依法严格管理的力度。1987 年的《危险物品条例》与国际惯例尚有一些不协调之处，主要是危险化学品安全信息管理和信息服务方面存在较大的距离。这对我国化学品进入国际经济循环形成了一定阻力，对出口影响尤其明显。1998 年国务院的机构和职能重组以及其后的地方政府机构改革，要求对危险化学品安全的行政管理渠道和层次进行相应的调整。

在上述背景之下，修订了《化学危险物品安全管理条例》，更名为《危险化学品安全管理条例》（国务院令第 344 号）[9]（以下简称第 344 号令），于 2002 年 1 月 26 日发布，2002 年 3 月 15 日起施行。第 344 号令将"化学危险物品"更名为"危险化学品"，将其定义为"包括爆炸品、压缩气体和液化气体、易燃液体、易燃固体、自燃物品和遇湿易燃物品、氧化剂和有机过氧化物、有毒品和腐蚀品等"，列入以国家标准公布的《危险货物品名表》（GB 12268）。

2002 年开始实施的第 344 号令在管理过程中逐渐显露出一些漏洞和薄弱环节，一些法规条款存在不完全符合实际情况、达不到预期效果等问题，针对这些情况和问题，我国政府认识到亟需通过修改条例堵塞管理漏洞、填补制度空白，同时调整、完善相关制度措施，使其符合危险化学品安全管理的实际情况。除此之外，近年来危险化学品安全管理中还出现了一些新情况。首先，2003 年和 2008 年国务院进行了两次机构改革，有关部门在危险化学品安全管理方面的职责分工发生了较大变化。其次，第 344 号令施行后，国家相继修订了《安全生产法》《安全生产许可证条例》等一系列涉及危险化学品安全管理的法律和行政法规。

在危险化学品安全管理的新形势要求下，2011 年 3 月 2 日，国务院总理温家宝签署第 591 号国务院令，公布了新修订的《危险化学品安全管理条例》[10]（简称《条例》），自 2011 年 12 月 1 日起正式施行。2013 年，《国务院关于修改部分行政法规的决定》（国务院令第 645 号）对《条例》第二条第五项中的"铁路主管部门负责危险化学品铁路运输的安全管理，负责危险化学品铁路运输承运人、托运人的资质审批及其运输工具的安全管理"修改为"铁路监管部门负责危险化学品铁路运输及其运输工具的安全管理"，对第五十三条第二款中的"应当经国家海事管理机构认定的机构进行评估"修改为"货物所有人或者代理人应当委托相关技术机构进行评估"。《条例》按照联合国 GHS 对危险化学品进行了重新定义，将危险化学品定义为"具有毒害、腐蚀、爆炸、燃烧、助燃等性质，对人体、设施、环境具有危害的剧毒化学品和其他化学品"，在法律层面正式引入了 GHS 的分类、标签和安全技术说明书。

第二节　国际化学品危险性分类概况

1952 年，国际劳工组织（International Labour Organization，ILO）要求其化学工业委员会研究危险化学品的分类和标签。1953 年，联合国经济和社会理事会（Economic and Social Council，ECSOC）下设立了联合国危险货物运输专家委员会（The United Nations Committee of Experts on the Transport of Dangerous Goods，UN CETDG），该委员会建立了首个国际性危险货物运输分类和标签系统，即 1956 年联合国颁布的《关于危险货物运输的建议书　规章范本》（TDG），其内容已被联合国多数成员国纳入本国危险货物运输法规，并被国际海事组织（International Maritime Organization，IMO）、国际民航组织（International Civil Aviation Organization，ICAO）和其他国际机构采用。

联合国危险货物分类体系是根据危险货物运输过程中发生风险的类型来分类的，其侧重于危险货物的物理危险性和急性毒性，目的在于协调各国危险物品的进出口运输管理，避免运输事故和管理上的不一致。该分类制度中对有毒物质的分类仅考虑其急性毒性，未考虑对人体健康的慢性毒性，特别是对致癌、生殖毒性和致突变物质没有进行分类。而欧盟化学品分类体系是按照危险化学品的物理危险性、毒理学和生态毒理学性质进行分类的。

国际机构和各国对化学品危险性做出了不同的定义解释，因而对标签和安全技术说明书中的信息的要求也不一样。例如，一种化学品可能在一个国家被认为是有毒物质，而在另一个国家却被认为是无毒的，导致同一种化学品在一个国家作为危险化学品管理，而在另一个国家却不是危险化学品。

为了科学健全管理危险化学品，保护人类健康和生态环境，同时为尚未建立化学品分类制度的发展中国家提供安全管理化学品的框架，有必要统一各国化学品危险性分类和标签制度。这一要求得到了世界各国政府与化学品安全有关国际组织的充分认同。

在联合国有关机构的协调下，参照北美和欧盟相关文件以及联合国现行主要分类和标签制度，经过多年努力创建了一套化学品分类与标签制度——《全球化学品统一分类和标签制度》（GHS）。

GHS 的核心是让全世界所有国家都能以统一的化学品分类标准确定化学品的危险性，并将其危险性信息以统一、易懂的形式传递给消费者、工人、运输人员和应急人员。为此，GHS 建立了化学品的物理危险性、健康危害和环境危害的分类标准，规范了利用标签和安全技术说明书进行危险性信息传递的基本要求。2002 年 9 月 4 日，联合国在南非约翰内斯堡召开的可持续发展世界首脑会议上通过的《行动计划》文件第 22（c）段中提出，鼓励各国尽早实施 GHS，尽可能在 2008 年使 GHS 在世界各国得以全面实施。遵照 2002 年约翰内斯堡世界首脑会议作出的承诺，各国的化学品安全主管部门制定或修订了本国化学品分类与管理方面的法规和标准。

一、欧盟化学品危险性分类

2008 年 12 月 16 日欧盟理事会和欧洲议会审议批准并颁布了《物质和混合物分类、标签和包装法规》（1272/2008/EC）（以下简称 CLP），该法规的分类基于 GHS 第二修订版设定，于 2009 年 1 月 20 日开始施行，于 2012 年 12 月 1 日和 2015 年 6 月 1 日分别对物质和混合物完全实施该法规。至今为止，该法规共进行了八次技术修订。2016 年 6 月 14 日发布的欧盟指令（EC）No.2016/918，对 CLP 的化学品危险性分类按照 GHS 第五修订版进行了修改，从 2018 年 2 月 1 日起开始强制施行。

CLP 是欧盟化学品分类的重要法规，它采用 GHS 的"积木块"原则，采纳接受了 GHS 物理危险性、健康危害和环境危害分类中绝大多数的类别及项别标准，同时又尽可能保持与现行欧盟化学物质和混合物分类和标签要求的衔接，维持已有的人类健康和环境保护水平。欧盟化学品危险性类别与 GHS 危险性类别比较详见表 2-1，表中 29 个危险性类别及相应的项别依据 GHS 第七修订版设置，深色背景的是欧盟 CLP 分类范围[11]。

表 2-1　欧盟化学品危险性类别与 GHS 危险性类别比较

<table>
<tr><th colspan="2">危险性类别</th><th colspan="7">项　别</th></tr>
<tr><td rowspan="11">物理危险</td><td>爆炸物</td><td>不稳定爆炸物</td><td>1.1</td><td>1.2</td><td>1.3</td><td>1.4</td><td>1.5</td><td>1.6</td></tr>
<tr><td rowspan="3">易燃气体</td><td colspan="3">易燃气体类别 1A</td><td rowspan="2">易燃气体类别 1B</td><td rowspan="2">易燃气体类别 2</td><td></td></tr>
<tr><td>易燃气体</td><td>发火气体</td><td>化学不稳定性气体类别 A</td><td>化学不稳定性气体类别 B</td><td></td></tr>
<tr><td>气溶胶</td><td>1</td><td>2</td><td>3</td><td></td><td></td><td></td></tr>
<tr><td>氧化性气体</td><td>1</td><td></td><td></td><td></td><td></td><td></td></tr>
<tr><td>加压气体</td><td>压缩气体</td><td>液化气体</td><td>冷冻液化气体</td><td>溶解气体</td><td></td><td></td></tr>
<tr><td>易燃液体</td><td>1</td><td>2</td><td>3</td><td>4</td><td></td><td></td></tr>
<tr><td>易燃固体</td><td>1</td><td>2</td><td></td><td></td><td></td><td></td></tr>
</table>

危险性类别		项　别						
物理危险	自反应物质和混合物	A	B	C	D	E	F	G
	自燃液体	1						
	自燃固体	1						
	自热物质和混合物	1	2					
	遇水放出易燃气体的物质和混合物	1	2	3				
	氧化性液体	1	2	3				
	氧化性固体	1	2	3				
	有机过氧化物	A	B	C	D	E	F	G
	金属腐蚀物	1						
	退敏爆炸物	1	2	3	4			
健康危害	急性毒性	1	2	3	4	5		
	皮肤腐蚀/刺激	1A	1B	1C	2	3		
	严重眼损伤/眼刺激	1	2A	2B				
	呼吸道或皮肤致敏	呼吸道致敏物类别1A	呼吸道致敏物类别1B	皮肤致敏物类别1A	皮肤致敏物类别1B			
	生殖细胞致突变性	1A	1B	2				
	致癌性	1A	1B	2				
	生殖毒性	1A	1B	2	附加类别:影响哺乳或通过哺乳产生影响			
	特异性靶器官毒性-一次接触	1	2	3				
	特异性靶器官毒性-反复接触	1	2					
	吸入危害	1	2					
环境危害	危害水生环境	急性1	急性2	急性3	长期1	长期2	长期3	长期4
	危害臭氧层	1						

　　欧盟化学品危险性分类未采用 GHS 分类的退敏爆炸物（类别 1、2、3、4），易燃气体中的发火气体，急性毒性（经口、经皮、吸入）类别 5，皮肤腐蚀/刺激类别 3，严重眼损伤/眼刺激类别 2B，危害水生环境（急性）类别 2、3。除表 2-1 中的危险性外，欧盟 CLP 还保留了 11 个原法规所特有的物理危险和健康危害类别，用 EUH×××表示：

① EUH001——干燥时有爆炸性。爆炸性物质和混合物，用水、乙醇或者其他物质润湿以抑制其爆炸性。

② EUH014——与水剧烈反应。与水剧烈反应的物质和混合物，如乙酰氯、碱金属、四氯化钛。

③ EUH018——使用中可能形成易燃或易爆的蒸气-空气混合物。本身不属于易燃物质和混合物，但可能形成易燃或易爆的蒸气-空气混合物的物质和混合物。对物质，可能是卤代烃；对混合物，可能是挥发性易燃组分或者挥发性不易燃组分的缺失。

④ EUH019——可能形成爆炸性过氧化物。在储存过程中可能形成爆炸性过氧化物的物质和混合物，如二乙醚、1,4-二噁烷。

⑤ EUH029——遇水放出有毒气体。遇水或潮湿空气释放出潜在危险数量的急性毒性1、2或3类气体的物质或混合物，例如磷化铝、五硫化二磷。

⑥ EUH031——遇酸释放有毒气体。与酸反应放出潜在危险数量的急性毒性-吸入类别3的毒性气体的物质和混合物，例如次氯酸钠、多硫化钡。

⑦ EUH032——遇酸放出极高毒性气体。与酸反应放出潜在危险数量的急性毒性-吸入类别1和类别2的毒性气体的物质和混合物，例如氰酸盐、叠氮化钠。

⑧ EUH044——封闭情况下加热有爆炸危险。本身不属于爆炸性物质和混合物，但如果在完全封闭的情况下加热就可能显示出爆炸性。尤其是物质在钢桶中加热会爆炸分解，而在不是那么牢固的容器中加热则不会显示出这种效应。

⑨ EUH066——重复接触可能引起皮肤干燥或开裂。可能导致皮肤干燥、剥落或干裂的物质和混合物。

⑩ EUH070——眼接触毒性。眼刺激性试验证明对试验动物具有明显的全身毒性或致命性的物质或混合物。

⑪ EUH071——对呼吸道具有腐蚀性。除吸入毒性的分类以外，如果现有资料表明毒性的机理为腐蚀性；除分类为皮肤腐蚀外的物质和混合物，如果没有急性吸入性试验数据支持且可能被吸入。

欧盟CLP中细分了一般浓度限值（GCL）和特定浓度限值（SCL）、CLP附件Ⅵ第3部分危险物质统一分类和标签清单中，为某些危险化学品设定了特定浓度限值，当组分中含有具有特定浓度限值的化学品，优先采纳特定浓度限值。例如3%的苯酚溶液，苯酚在CLP附件Ⅵ的危险性分类详见图2-1，CLP为其设定了特定浓度限值，当其浓度≥3%时，在进行皮肤腐蚀/刺激危害分类时，应分为类别1B，而不是按照一般浓度限值分为类别2。此外，CLP还为具有水生环境危害的化学品设定了M因子（放大因子），在对混合物进行分类时，应考虑指定的 M 因子。

Index Number	EC / List no.	CAS Number	International Chemical Identification
604-001-00-2	203-632-7	108-95-2	phenol carbolic acid monohydroxybenzene phenylalcohol

ATP Inserted / Updated: CLP00
CLP Classification (Table 3)

Classification			Labelling			Specific Concentration limits, M-Factors, Acute Toxicity Estimates (ATE)	Notes
Hazard Class and Category Code (s)	Hazard Statement Code (s)	Hazard Statement Code (s)	Supplementary Hazard Statement Code (s)	Pictograms, Signal Word Code (s)			
Acute Tox. 3 *	H301	H301		GHS08 GHS05 GHS06 Dgr		Skin Irrit. 2; H315: 1 % ≤ C < 3 % Skin Corr. 1B; H314: C ≥ 3 % Eye Irrit. 2; H319: 1 % ≤ C < 3 %	
Acute Tox. 3 *	H311	H311					
Skin Corr. 1B	H314	H314					
Acute Tox. 3 *	H331	H331					
Muta. 2	H341	H341					
STOT RE 2 *	H373 **	H373 **					

图 2-1　苯酚在 CLP 附件Ⅵ的危险性分类

二、美国化学品危险性分类

2010 年，美国国家标准学会发布了有关 GHS 的标准，即《工作场所有害化学品国家标准——危害评估、安全技术说明书和安全标签的制作》（ANSI Z400.1/Z129.1—2010），在标准中规定了危害分类、安全技术说明书及标签的编制要求。为了与 GHS 一致，管理作业场所化学品的职业安全与卫生管理局（OSHA）在 2012 年 3 月 26 日发布了新修订的《危害性传递标准》（HCS），该标准依据 GHS 第三修订版修订，详细规定了健康危害和物理危险具体分类标准以及混合物的分类，并在附录中对安全技术说明书和标签的编制进行了详细说明。该标准从 2012 年 5 月 25 日生效，从 2015 年 6 月 1 日开始强制施行。HCS 化学品危险性类别与 GHS 危险性类别比较详见表 2-2，表中 29 个危险性类别及相应的项别依据 GHS 第七修订版设置，深色背景的是 HCS 分类范围[12]。

表 2-2　HCS 化学品危险性类别与 GHS 危险性类别比较

危险性类别		项别						
物理危险	爆炸物	不稳定爆炸物	1.1	1.2	1.3	1.4	1.5	1.6
	易燃气体	易燃气体类别 1A				易燃气体类别 1B	易燃气体类别 2	
		易燃气体	发火气体	化学不稳定性气体类别 A	化学不稳定性气体类别 B			
	气溶胶	1	2	3				
	氧化性气体	1						
	加压气体	压缩气体	液化气体	冷冻液化气体	溶解气体			
	易燃液体	1	2	3	4			
	易燃固体	1	2					

续表

危险性类别		项别						
物理危险	自反应物质和混合物	A	B	C	D	E	F	G
	自燃液体	1						
	自燃固体	1						
	自热物质和混合物	1	2					
	遇水放出易燃气体的物质和混合物	1	2	3				
	氧化性液体	1	2	3				
	氧化性固体	1	2	3				
	有机过氧化物	A	B	C	D	E	F	G
	金属腐蚀物	1						
	退敏爆炸物	1	2	3	4			
健康危害	急性毒性	1	2	3	4	5		
	皮肤腐蚀/刺激	1A	1B	1C	2	3		
	严重眼损伤/眼刺激	1	2A	2B				
	呼吸道或皮肤致敏	呼吸道致敏物类别1A	呼吸道致敏物类别1B	皮肤致敏物类别1A	皮肤致敏物类别1B			
	生殖细胞致突变性	1A	1B	2				
	致癌性	1A	1B	2				
	生殖毒性	1A	1B	2	附加类别:影响哺乳或通过哺乳产生影响			
	特异性靶器官毒性——一次接触	1	2	3				
	特异性靶器官毒性-反复接触	1	2					
	吸入危害	1	2					
环境危害	危害水生环境	急性1	急性2	急性3	长期1	长期2	长期3	长期4
	危害臭氧层	1						

除物理危险中的 16 类危险性外，美国的 HCS 标准还保留了 2 类 GHS 未涉及的附加危险性类别，分别是单纯窒息剂和可燃性粉尘。因 HCS 标准主要适用于工作场所，所以未对环境危害进行相关分类。

三、日本化学品危险性分类

在日本，有关化学品分类和标签的法律或规章超过 30 部。为了实施 GHS，日本厚生劳动省在 2005 年修订了《工业安全卫生法》，2006 年 12 月 1 日生效，受《工业安全卫生法》管理的 99 种物质的标签和 640 种物质的安全技术说明书要求符合 GHS 规定。2005 年 12 月，厚生劳动省建议厂家在日本《有毒与有害物质管理法》框架内自愿实施 GHS 标签。《有毒与有害物质管理法》主要管理有毒或有害的物质。

2012 年 3 月，日本发布了国家标准 JIS Z 7253《基于化学品全球调和制度（GHS）的化学品危害通识 安全资料表（SDS）和标签》，该标准代替原 JIS Z 7250 和 JIS Z 7251，技术内容与 GHS 第四修订版一致。日本国立技术与评价研究所（National Institute of Technology and Evaluation，NITE）在官网上公开化学品的 GHS 分类清单（http://www.safe.nite.go.jp/english/ghs/all_fy_e_latest.html）。根据 GHS 的积木原则，日本在危险性分类上未采用 GHS 中部分危害较轻的项别。日本化学品危险性类别与 GHS 危险性类别比较详见表 2-3，表中 29 个危险性类别及相应的项别依据 GHS 第七修订版设置，深色背景的是日本类别分类范围[13]。

表 2-3 日本化学品危险性类别与 GHS 危险性类别比较

危险性类别		项别						
	爆炸物	不稳定爆炸物	1.1	1.2	1.3	1.4	1.5	1.6
	易燃气体	易燃气体类别 1A				易燃气体类别 1B	易燃气体类别 2	
		易燃气体	发火气体	化学不稳定性气体类别 A	化学不稳定性气体类别 B			
物理危险	气溶胶	1	2	3				
	氧化性气体	1						
	加压气体	压缩气体	液化气体	冷冻液化气体	溶解气体			
	易燃液体	1	2	3	4			
	易燃固体	1	2					
	自反应物质和混合物	A	B	C	D	E	F	G
	自燃液体							
	自燃固体							
	自热物质和混合物	1	2					

续表

危险性类别		项别						
物理危险	遇水放出易燃气体的物质和混合物	1	2	3				
	氧化性液体	1	2	3				
	氧化性固体	1	2	3				
	有机过氧化物	A	B	C	D	E	F	G
	金属腐蚀物	1						
	退敏爆炸物	1	2	3	4			
健康危害	急性毒性	1	2	3	4	5		
	皮肤腐蚀/刺激	1A	1B	1C	2	3		
	严重眼损伤/眼刺激	1	2A	2B				
	呼吸道或皮肤致敏	呼吸道致敏物类别1A	呼吸道致敏物类别1B	皮肤致敏物类别1A	皮肤致敏物类别1B			
	生殖细胞致突变性	1A	1B	2				
	致癌性	1A	1B	2				
	生殖毒性	1A	1B	2	附加类别:影响哺乳或通过哺乳产生影响			
	特异性靶器官毒性-一次接触	1	2	3				
	特异性靶器官毒性-反复接触	1	2					
	吸入危害	1	2					
环境危害	危害水生环境	急性1	急性2	急性3	长期1	长期2	长期3	长期4
	危害臭氧层	1						

四、新西兰化学品危险性分类

新西兰 1996 年制定的《危险物质与新型生物体法》（Hazardous Substances and New Organisms Act，HSNO）是其管理危险化学品的主要法规。2001 年，新西兰修订 HSNO 及相关法规，将当时尚未公告的 GHS 引入 HSNO，管理危险性超过 GHS 固有临界值的危险物质。虽然与 2003 年正式公告的 GHS 范本存在差异，但新西兰应该是世界上第一个采用 GHS 进行危险化学品分类的国家。

根据新西兰 HSNO，化学品的危险性分为以下几类：第 1 类爆炸性、第 2

类易燃气体、第 3 类易燃液体、第 4 类易燃固体、第 5 类氧化性、第 6 类毒害性、第 8 类腐蚀性、第 9 类对生态环境有害。其中第 7 类为放射性物质，该类别未纳在 HSNO 管理下。

新西兰的分类法规使用数字和字母组合编码标识危险性分类：

① 用单个数字表示物质的内在危险特性（如：第 6 类对应表示毒害性）。

② 根据危险的种类给予次分类号码（如：6.1 对应表示急性毒性）；用字母表示危险的程度（如：类别 A、B 等）。

新西兰的危险物质分类体系中，用数字和字母相结合的方式表示物质的危险性分类（如：6.1A，急性毒性类别 1）。在很大程度上，危险分类的编号方式主要基于联合国《关于危险货物运输的建议书 规章范本》（以下简称《规章范本》）。

第 1 类到第 5 类的编号与《规章范本》相同。急性毒性的危险性编号为 6.1，与《规章范本》中的编号相同。皮肤和眼睛刺激等危险性编号分别为次类别 6.3～6.9。编号 6.2 因其在《规章范本》中分配给了感染性物质，而 HSNO 并未覆盖，所以在 HSNO 中未使用次类别 6.2，同样第 7 类在 HSNO 中也未使用。

HSNO 与 GHS（第七修订版）的不同之处为：

① HSNO 未涵盖不稳定爆炸物。

② GHS 涵盖了经口、经皮和吸入急性毒性的分类，并作为一类危险性。HSNO 将急性毒性分类为 6.1A～6.1E。

③ HSNO 将不可逆皮肤腐蚀和眼刺激从可逆效应中分离出来，列入第 8 类危险品的腐蚀性物质，可逆的皮肤腐蚀和眼刺激列入 6.3 类和 6.4 类危险品。这种分类方法兼容了《规章范本》的分类体系。

④ HSNO 的次类别 6.9 相当于 GHS 特异性靶器官毒性类别，但并没有像 GHS 那样明确区分一次接触和反复接触毒性效应。GHS 的特异性靶器官毒性（一次接触）危险性的类别 3（暂时目标器官效应），如麻醉效应，在 HS-NO 中没有涵盖。

⑤ GHS 的 3.10 章吸入危险被 HSNO 在急性毒性危险中涵盖。

⑥ 急性和慢性水生环境危险涵盖在 HSNO 的 9.1 项危险性中，并设有 4 个危险类别。

⑦ 陆生环境危险，包括对土壤环境、陆地脊椎动物和陆地无脊椎动物的危险性，在 HSNO 中分类为次类别 9.2～9.4。

HSNO 与 GHS 关于化学品的危险性分类及类别比较详见表 2-4。

表 2-4　HSNO 和 GHS 危险性类别比较[14]

危险性类别	GHS 类别		HSNO 类别
物理化学性质引起的危险			
爆炸物	不稳定爆炸物		
	1.1 项~1.6 项		1.1~1.6
易燃气体	易燃气体类别 1A	易燃气体	2.1.1A
		自燃气体	
		化学不稳定性气体类别 A	
		化学不稳定性气体类别 B	
	易燃气体类别 1B		
	易燃气体类别 2		2.1.1B
气溶胶	类别 1		2.1.2A
	类别 2		
	类别 3		
氧化性气体	类别 1		5.1.2A
加压气体	压缩气体		
	液化气体		
	冷冻液化气体		
	溶解气体		
易燃液体	类别 1~类别 4		3.1A~3.1D
易燃固体	类别 1~类别 2		4.1.1A~4.1.1B
自反应物质和混合物	A 型~G 型		4.1.2A~4.1.2G
自热物质和混合物	类别 1、2		4.2B~4.2C
自燃液体	类别 1		4.2A
自然固体	类别 1		4.2A
遇水放出易燃气体的物质和混合物	类别 1~类别 3		4.3A~4.3C
氧化性液体	类别 1~类别 3		5.1.1A~5.1.1C
氧化性固体	类别 1~类别 3		5.1.1A~5.1.1C
有机过氧化物	A 型~G 型		5.2A~5.2G
金属腐蚀物	类别 1		8.1A
退敏爆炸物	类别 1~类别 4		液态退敏爆炸物 3.2A~3.2C
			固态退敏爆炸物 4.1.3A~4.1.3C
健康危险			
急性毒性：经口	类别 1~类别 5		6.1A~6.1E
急性毒性：经皮	类别 1~类别 5		6.1A~6.1E
急性毒性：吸入	类别 1~类别 5		6.1A~6.1E
皮肤腐蚀/刺激	类别 1A、1B、1C		8.2A、8.2B、8.2C
	类别 2、3		6.3A、6.3B
严重眼损伤/眼刺激	类别 1		8.3A
	类别 2A		6.4A
	类别 2B		

续表

危险性类别	GHS 类别	HSNO 类别
健康危险		
呼吸道致敏	类别 1	6.5A
皮肤致敏	类别 1	6.5B
生殖细胞致突变性	类别 1A、1B	6.6A
	类别 2	6.6B
致癌性	类别 1A、1B	6.7A
	类别 2	6.7B
生殖毒性	类别 1A、1B	6.8A
	类别 2	6.8B
	影响哺乳或通过哺乳产生影响	6.8C
特异性靶器官毒性-一次接触	类别 1、2	6.9A、6.9B
	类别 3	
特异性靶器官毒性-反复接触	类别 1、2	6.9A、6.9B
吸入危害	类别 1、2	6.1E
环境危险		
危害水生环境(急性)	类别 1	9.1A
	类别 2	9.1D
	类别 3	
危害水生环境（慢性）	类别 1~类别 4	9.1A~9.1D
生态毒性(土壤环境)	—	9.2A~9.2D
生态毒性(陆地脊椎动物)	—	9.3A~9.3C
生态毒性(陆地无脊椎动物)	—	9.4A~9.4C

第三节 化学品危险性分类

《化学品分类和标签规范》（GB 30000 系列标准）根据 GHS 第四修订版将 28 类化学品危险性分类体系引入我国，目前 GHS 已修订至第八修订版，增加了退敏爆炸物的危险性类别，本节主要依据 GHS 第七修订版[7] 内容对 29 类危险性进行介绍。

一、物理危险

1. 爆炸物

（1）术语定义 爆炸性物质（或混合物），是一种固态或液态物质（或物质的混合物），本身能够通过化学反应产生气体，而产生气体的温度、压力和速度之大，能对周围环境造成破坏。烟火物质也属爆炸性物质，即使它们不放出气体。

烟火物质（或烟火混合物），是通过非爆炸、自持放热化学反应产生的热、光、声、气体、烟等效应或这些效应的组合的物质或物质的混合物。

爆炸性物品，含有一种或多种爆炸性物质或混合物的物品。

烟火物品，含有一种或多种烟火物质或混合物的物品。

爆炸物的种类包括爆炸性物质和混合物、爆炸性物品以及为产生实际爆炸或烟火效应而制造的物质、混合物和物品。爆炸性物品不包括其中所含爆炸性物质或混合物由于其数量或特性，在意外或偶然点燃或引爆后，不会由于迸射、发火、冒烟、发热或巨响而在装置之外产生任何效应。

（2）分类标准 不稳定爆炸物，具有热不稳定性和/或太过敏感，因而不能进行正常装卸、运输和使用的爆炸物。

未被划入不稳定爆炸物的本类物质、混合物和物品，根据它们所表现的危险性类型划入下列六项：

1.1项：有整体爆炸危险的物质、混合物和物品（整体爆炸是指几乎瞬间影响到几乎全部载荷的爆炸）。

1.2项：有迸射危险但无整体爆炸危险的物质、混合物和物品。

1.3项：有燃烧危险和轻微爆炸危险或轻微迸射危险，或同时兼有这两种危险，但没有整体爆炸危险的物质、混合物和物品。这些物质、混合物和物品的燃烧产生相当大的辐射热，或它们相继燃烧，产生轻微爆炸或迸射效应或两种效应兼而有之。

1.4项：不呈现重大危险的物质、混合物和物品，在点燃或引爆时仅产生小危险的物质、混合物和物品。其影响范围主要限于包件，射出的碎片预计不大，射程也不远。外部火烧不会引起包件几乎全部内装物的瞬间爆炸。

1.5项：有整体爆炸危险的非常不敏感的物质或混合物。这些物质和混合物有整体爆炸危险，但非常不敏感，以致在正常情况下引发或由燃烧转为爆炸的可能性非常小。

1.6项：没有整体爆炸危险的极其不敏感的物品。这些物品主要含极其不敏感的物质或混合物，而且意外引爆或传播的概率微乎其微。

2. 易燃气体

（1）术语定义 易燃气体，是在20℃和101.3kPa标准大气压下，与空气有易燃范围的气体。

发火气体，是在≤54℃时在空气中可能自燃的易燃气体。

化学不稳定性气体，是在即使没有空气或氧气的条件下也能发生爆炸反应的易燃气体。

（2）分类标准　易燃气体可根据表 2-5 分为类别 1A、1B 或 2。发火和/或化学不稳定性易燃气体一律划为 1A 类。

表 2-5　易燃气体分类标准

分类类别			分类标准
1A	易燃气体		在 20℃和 101.3kPa 标准大气压下，具有下列情形之一的气体： a. 气体的混合物在空气中体积分数≤13％时可点燃； b. 不论易燃性下限如何，与空气混合后易燃范围至少为 12 百分点，除非数据表明气体符合 1B 类标准
	发火气体		在温度≤54℃时在空气中可能自燃的易燃气体
	化学不稳定性气体	A	在 20℃和 101.3kPa 标准大气压下化学性质不稳定的易燃气体
		B	在温度＞20℃和/或压力＞101.3kPa 时化学性质不稳定的易燃气体
1B	易燃气体		符合 1A 类易燃性标准，但既非发火亦非化学性质不稳定，且至少具有下列情形之一的气体： a. 在空气中易燃性下限体积分数＞6％； b. 基本燃烧速率＜10cm/s
2	易燃气体		1A 类或 1B 类以外，在 20℃和 101.3kPa 标准大气压下与空气混合时有某个易燃范围的气体

在没有数据支持划为 1B 类时，符合 1A 类判定标准的易燃气体默认分类为 1A 类。没有易燃气体混合物发火数据的情况下，如果所含发火性成分体积分数超过 1％，则应将其分类为发火气体。发火气体自燃不一定立即发生，有可能延时发生。

3. 气溶胶

（1）术语定义　气溶胶，即气雾剂，是任何不可再充装的用金属、玻璃或塑料制成的储器，内装压缩、液化或加压溶解气体，包含或不包含液体、膏剂或粉末，配有释放装置，可使内装物喷射出来，形成在气体中悬浮的固态或液态微粒或形成泡沫、膏剂或粉末，或处于液态或气态。

（2）分类标准　气溶胶根据其成分、化学燃烧热，以及点火距离试验、封闭空间点火试验和气溶胶泡沫易燃性试验的结果，分为 3 个类别。不满足列入类别 1 或类别 2 的气溶胶，应列入类别 3（不易燃气溶胶）。气溶胶分类标准如表 2-6 所示。

表 2-6　气溶胶分类标准

分类类别	分类标准
类别 1	具有下列情形之一的气溶胶： ①所含易燃成分（按质量计）≥85％，并且燃烧热≥30kJ/g； ②在点火距离试验中，发生点火的距离≥75cm； ③在泡沫易燃性试验中，火焰高度≥20cm 且火焰持续时间≥2s，或火焰高度≥4cm 且火焰持续时间≥7s

分类类别	分类标准
类别 2	具有下列情形之一的气溶胶： ①不满足类别 1 的判定标准,燃烧热≥20kJ/g； ②在点火距离试验中,发生点火的距离≥15cm 且<75cm； ③在封闭空间点火试验中,时间当量≤300s/m³,或爆燃密度≤300g/m³； ④在泡沫易燃性试验中,不满足类别 1 的判定标准,火焰高度≥4cm 且火焰持续时间≥2s
类别 3	①所含易燃成分(按质量计)≤1%,并且燃烧热<20kJ/g； ②不满足类别 1 和类别 2 判定标准的气溶胶

气溶胶含 1%（按质量计）以上易燃成分（即易燃气体、易燃液体或易燃固体），或者其燃烧热至少为 20kJ/g 时，应考虑将其分类为类别 1 或类别 2。气溶胶的易燃成分不包括发火、自热或遇水反应的物质和混合物，因为这类成分不作为气溶胶内装物。

4. 氧化性气体

（1）术语定义　氧化性气体，指一般通过提供氧气，比空气更易引起或促使其他物质燃烧的任何气体。

"比空气更易引起或促使其他物质燃烧的任何气体"，是指采用国际标准化组织 ISO 10156：2010 规定的方法，确定氧化能力>23.5%的纯净气体或气体混合物。

（2）分类标准　氧化性气体分类标准如表 2-7 所示。

表 2-7　氧化性气体分类标准

分类类别	分类标准
类别 1	一般通过提供氧气,比空气更易引起或促使其他物质燃烧的任何气体

5. 加压气体

（1）术语定义　加压气体，是指在 20℃条件下，以 200kPa（表压）或更高压力装入储器的气体、液化气体、冷冻液化气体或溶解气体。

临界温度，是在高于该温度时，无论压缩程度如何，纯气体都不能被液化的温度。

（2）分类标准　加压气体分类标准如表 2-8 所示。

表 2-8　加压气体分类标准

分类类别	分类标准
压缩气体	在-50℃加压封装时完全是气态的气体,包括所有临界温度为-50℃的气体
液化气体	在高于-50℃的温度下加压封装时部分是液体的气体。它又分为： a. 高压液化气体:临界温度在-50℃和+65℃之间的气体； b. 低压液化气体:临界温度高于+65℃的气体

分类类别	分类标准
冷冻液化气体	封装时由于其温度低而部分是液体的气体
溶解气体	加压封装时溶解于液相溶剂中的气体

对于加压气体的分类，需要了解该气体50℃时的蒸气压、在20℃和标准环境压强下的物理状态以及临界温度。这些数据可以在文献中找到、计算得出或通过试验确定。

6. 易燃液体

（1）术语定义　液体，是指在50℃时蒸气压不超过300kPa、在20℃和标准大气压101.3kPa条件下不完全是气体，而且在标准大气压101.3kPa下熔点或初始熔点为20℃或更低的物质或混合物。对于不能确定熔点的黏性物质或混合物，应进行 ASTM D4359 试验或进行《欧洲国际公路运输危险货物协定》（《陆运危险货物协定》）附件 A 第 2.3.4 节规定的确定流度的试验（透度计试验）。

易燃液体，是指闪点不高于93℃的液体。

闪点，是指在规定试验条件下施加点火源，会造成液体蒸气着火的最低温度（校正到标准压强101.3kPa）。

初沸点：是指在液体的蒸气压力等于标准大气压（101.3kPa）时液体的温度，即第一个气泡出现时的温度。

（2）分类标准　根据液体的闪点和初沸点，易燃液体分为 4 个类别，见表 2-9。

表 2-9　易燃液体分类标准

分类类别	分类标准
类别 1	闪点＜23℃，初沸点≤35℃
类别 2	闪点＜23℃，初沸点＞35℃
类别 3	60℃≥闪点≥23℃
类别 4	93℃≥闪点＞60℃

7. 易燃固体

（1）术语定义　易燃固体，是指易于燃烧或通过摩擦可能引起燃烧或助燃的固体。

易于燃烧的固体为粉末状、颗粒状或糊状物质，与点火源（如燃烧的火柴）短暂接触即可燃烧，如果火势迅速蔓延，可造成危险。

（2）分类标准　粉末状、颗粒状或糊状物质或混合物，如果在固体燃烧速率试验中，一次或一次以上的燃烧时间＜45s 或燃烧速率＞2.2mm/s，应分类为易燃固体。金属或金属合金粉末如能点燃，并且反应可在 10min 内蔓延到试样的全部长度（100mm），应分类为易燃固体。在明确的标准制定之前，摩擦可能起火的固体（如火柴）应根据现有条目以类推法划为本类。

易燃固体分为 2 个类别，详见表 2-10。

表 2-10　易燃固体分类标准

分类类别	分类标准
类别 1	燃烧速率试验： 对于除金属粉末之外的物质或混合物，a. 湿润段部分不能阻燃，而且 b. 燃烧时间＜45s 或燃烧速率＞2.2mm/s。 对于金属粉末，燃烧时间≤5min
类别 2	燃烧速率试验： 对于除金属粉末之外的物质或混合物，a. 湿润段部分可以阻燃至少 4min，而且 b. 燃烧时间＜45s 或燃烧速率＞2.2mm/s。 对于金属粉末，燃烧时间＞5min，且≤10min

对于固态物质或混合物的分类试验，试验应使用所提供形状的物质或混合物。

8. 自反应物质和混合物

（1）术语定义　自反应物质和混合物，是指热不稳定液态或固态物质或混合物，即使在没有氧（空气）参与的条件下也能进行强烈的放热分解。本定义不包括爆炸物、有机过氧化物或氧化性物质分类的物质和混合物。

（2）分类标准　所有自反应物质和混合物均应考虑划入本类，除非具有下列情形之一：

a. 它们是爆炸品；

b. 它们是氧化性液体或固体，但氧化性物质的混合物如含有 5.0% 或更多的可燃有机物质，必须按照下文注中规定的程序划为自反应物质；

c. 它们是有机过氧化物；

d. 其分解热小于 300J/g；

e. 其 50kg 包件的自加速分解温度（self-accelerating decomposition temperature，SADT）＞75℃。

注：符合划为氧化性物质标准的氧化性物质混合物，如含有 5.0% 或更多的可燃有机物质并且不符合上文 a、c、d 或 e 所述的标准，必须经过自反应物质分类程序；这种混合物如显示 B 型~F 型自反应物质特性，必须划为自反应物质。

自反应物质如果自加速分解温度（SADT）≤55℃，需要进行温度控制。

自反应物质和混合物分为 7 个类别，详见表 2-11。

表 2-11　自反应物质和混合物分类标准

分类类别	分类标准
A 型	在包件中可能起爆或迅速爆燃的自反应物质和混合物
B 型	具有爆炸性质,在包件中不会起爆或迅速爆燃,但在包件中可能发生热爆炸的自反应物质和混合物
C 型	具有爆炸性质,在包件中不可能起爆或迅速爆燃,或发生热爆炸的自反应物质和混合物
D 型	任何自反应物质或混合物,在实验室试验中具有下列情形之一: a. 部分起爆,不迅速爆燃,在封闭条件下加热时不呈现任何剧烈效应; b. 根本不起爆,缓慢爆燃,在封闭条件下加热时不呈现任何剧烈效应; c. 根本不起爆和爆燃,在封闭条件下加热时呈现中等效应
E 型	在实验室试验中,根本不起爆也绝不爆燃,在封闭条件下加热时呈现微弱效应或无效应的自反应物质和混合物
F 型	在实验室试验中,在空化状态下根本不起爆也绝不爆燃,在封闭条件下加热时只呈现微弱效应或无效应,而且爆炸力弱或无爆炸力的自反应物质和混合物
G 型	在实验室试验中,在空化状态下根本不起爆也绝不爆燃,在封闭条件下加热时显示无效应,而且无任何爆炸力的自反应物质或混合物。但该物质和混合物必须是热稳定的(50kg 包件的自加速分解温度为 60~75℃),对于液体混合物,所用脱敏稀释剂的沸点≥150℃。如果混合物不是热稳定的,或者所用脱敏稀释剂的沸点<150℃,则该混合物应划为 F 型自反应物质

9. 自燃液体

（1）术语定义　自燃液体,是即使数量小也能在与空气接触 5min 之内引燃的液体。

（2）分类标准　自燃液体分为 1 个类别,详见表 2-12。

表 2-12　自燃液体分类标准

分类类别	分类标准
类别 1	在加到惰性载体上并暴露在空气中 5min 内便燃烧,或与空气接触 5min 内便燃烧或使滤纸炭化的液体

10. 自燃固体

（1）术语定义　自燃固体,是即使数量小也可能在与空气接触 5min 内引燃的固体。

（2）分类标准　自燃固体分为 1 个类别,详见表 2-13。

表 2-13　自燃固体分类标准

分类类别	分类标准
类别 1	与空气接触 5min 内便燃烧的固体

11. 自热物质和混合物

（1）术语定义　自热物质和混合物,是自燃液体或自燃固体以外通过与空气发生反应,无需外来能源即可自行发热的固态或液态物质和混合物;这类物质和混合物不同于自燃液体或自燃固体，只能在数量较大（以千克计）并经过较长时间（几小时或几天）后才会燃烧。

（2）分类标准　自热物质和混合物分为2个类别，详见表2-14。

表 2-14　自热物质和混合物分类标准

分类类别	分类标准
类别 1	用边长 25mm 的立方体试样在 140℃下做试验时取得肯定结果
类别 2	具有下列情形之一： （1）用边长 100mm 的立方体试样在 140℃下做试验时取得肯定结果，用边长 25mm 的立方体试样在 140℃下做试验时取得否定结果，并且该物质和混合物将装在体积>3m³ 的包件内； （2）用边长 100mm 的立方体试样在 140℃下做试验时取得肯定结果，用边长 25mm 的立方体试样在 140℃下做试验时取得否定结果，用边长 100mm 的立方体试样在 120℃下做试验时取得肯定结果，并且该物质和混合物将装在体积>450L 的包件内； （3）用边长 100mm 的立方体试样在 140℃下做试验时取得肯定结果，用边长 25mm 的立方体试样在 140℃下做试验时取得否定结果，并且用边长 100mm 的立方体试样在 100℃下做试验时取得肯定结果

这项标准基于木炭的自燃温度，即 27m³ 的试样立方体，自燃温度 50℃。体积 27m³、自燃温度高于 50℃的物质和混合物，不应划入本危险类别。体积 450L、自燃温度高于 50℃的物质和混合物，不应划入本危险类别的类别 1。

12. 遇水放出易燃气体的物质和混合物

（1）术语定义　遇水放出易燃气体的物质和混合物，是指与水相互作用后可能自燃或释放易燃气体且数量危险的固态或液态物质和混合物。

（2）分类标准　遇水放出易燃气体的物质和混合物分为 3 个类别，详见表 2-15。

表 2-15　遇水放出易燃气体的物质和混合物分类标准

分类类别	分类标准
类别 1	任何物质和混合物,在环境温度下遇水发生剧烈反应,并且所产生的气体通常显示自燃倾向,或在环境温度下遇水容易发生反应,释放易燃气体的速度等于或大于每千克物质 10L（在任何 1 分钟内释放）
类别 2	任何物质和混合物,在环境温度下遇水容易发生反应,释放易燃气体的最大速度等于或大于每千克物质每小时 20L,并且不符合类别 1 的标准
类别 3	任何物质和混合物,在环境温度下遇水容易发生反应,释放易燃气体的最大速度大于每千克物质每小时 1L,并且不符合类别 1 和类别 2 的标准

如果自燃发生在试验程序的任何一个步骤，物质和混合物即划为遇水放出易燃气体的物质和混合物。

13. 氧化性液体

（1）术语定义 氧化性液体，是本身未必可燃，但通常会产生氧气，引起或有助于其他物质燃烧的液体。

（2）分类标准 有机物质或混合物，不含氧、氟或氯，或者含有氧、氟或氯但这些元素只是化学键连在碳或氢上；无机物质或混合物，如果不含氧或卤素原子，则不适用本类的分类程序。

氧化性液体分为 3 个类别，详见表 2-16。

表 2-16 氧化性液体分类标准

分类类别	分类标准
类别 1	任何物质或混合物，以物质（或混合物）与纤维素按质量比 1∶1 混合后进行试验，可自发着火；或物质与纤维素按质量比 1∶1 混合后，平均压力上升时间小于高氯酸（质量分数为 50%）与纤维素按质量比 1∶1 混合后的平均压力上升时间
类别 2	任何物质或混合物，以物质（或混合物）与纤维素按质量比 1∶1 混合后进行试验，显示的平均压力上升时间小于或等于氯酸钠水溶液（质量分数为 40%）与纤维素按质量比 1∶1 混合后的平均压力上升时间；并且未满足类别 1 的标准
类别 3	任何物质或混合物，以物质（或混合物）与纤维素按质量比 1∶1 混合后进行试验，显示的平均压力上升时间小于或等于硝酸水溶液（质量分数为 65%）与纤维素按质量比 1∶1 混合后的平均压力上升时间；并且未满足类别 1 和类别 2 的标准

有时物质或混合物可能由于化学反应而造成压力升高（太高或太低），但并不代表该物质或混合物具有氧化性。在这种情况下，可能需要用硅藻土之类的惰性物质代替纤维素，重复进行液体氧化性试验。

14. 氧化性固体

（1）术语定义 氧化性固体，是本身未必可燃，但通常会释放氧气，引起或促使其他物质燃烧的固体。

（2）分类标准 有机物质或混合物，不含氧、氟或氯，或者含有氧、氟或氯但这些元素只是化学键连在碳或氢上；无机物质或混合物，如果不含氧或卤素原子，则不适用本类的分类程序。

氧化性固体分为 3 个类别，详见表 2-17。

表 2-17 氧化性固体分类标准

分类类别	分类标准
类别 1	具有下列情形之一： ①任何物质或混合物，以其样品与纤维素按（质量比）4∶1 或 1∶1 混合进行试验，显示的平均燃烧时间小于溴酸钾与纤维素按（质量比）3∶2 混合后的平均燃烧时间； ②任何物质或混合物，以其样品与纤维素按（质量比）4∶1 或 1∶1 混合进行试验，显示的平均燃烧速率大于过氧化钙与纤维素按（质量比）3∶1 混合后的平均燃烧速率

续表

分类类别	分类标准
类别2	具有下列情形之一： ① 任何物质或混合物,以其样品与纤维素按(质量比)4∶1或1∶1混合进行试验,显示的平均燃烧时间等于或小于溴酸钾与纤维素按(质量比)2∶3混合后的平均燃烧时间,并且未满足类别1的标准; ②任何物质或混合物,以其样品与纤维素按(质量比)4∶1或1∶1混合进行试验,显示的平均燃烧速率等于或大于过氧化钙与纤维素按(质量比)1∶1混合后的平均燃烧速率,并且未满足类别1的标准
类别3	具有下列情形之一： ①任何物质或混合物,以其样品与纤维素按(质量比)4∶1或1∶1混合进行试验,显示的平均燃烧时间等于或小于溴酸钾与纤维素按(质量比)3∶7混合后的平均燃烧时间,并且未满足类别1和类别2的标准; ②任何物质或混合物,以其样品与纤维素按(质量比)4∶1或1∶1混合进行试验,显示的平均燃烧速率等于或大于过氧化钙与纤维素按(质量比)1∶2混合后的平均燃烧速率,并且未满足类别1和类别2的标准

15. 有机过氧化物

（1）术语定义　有机过氧化物,是含有2价—O—O—结构的液态或固态有机物质,可以看作是一个或两个氢原子被有机基团替代的过氧化氢衍生物。本术语也包括有机过氧化物配制品（混合物）。

有机过氧化物是热不稳定物质或混合物,容易放热自加速分解,可能具有易爆炸分解、燃烧迅速、对撞击或摩擦敏感、与其他物质发生危险反应等性质。

有机过氧化物在试验中容易爆炸、迅速燃爆,或在封闭条件下加热时显示剧烈效应时,认为其具有爆炸性。

（2）分类标准　所有有机过氧化物都应考虑划入本类,除非具有下列情形之一：

① 有机过氧化物的有效氧含量不超过1.0%,而且过氧化氢含量不超过1.0%;

② 有机过氧化物的有效氧含量不超过0.5%,而且过氧化氢含量超过1.0%但不超过7.0%。

有机过氧化物分为7个类别,详见表2-18。

表2-18　有机过氧化物分类标准

分类类别	分类标准
A型	在包件中可起爆或迅速燃爆的有机过氧化物
B型	任何具有爆炸性的有机过氧化物,如在包件中既不起爆也不迅速燃爆,但在包件中可能发生热爆炸
C型	任何具有爆炸性的有机过氧化物,如在包件中不可能起爆或迅速燃爆,也不会发生热爆炸
D型	任何有机过氧化物,在实验室试验中具有下列情形之一： ① 部分起爆,不迅速燃爆,在封闭条件下加热时不呈现任何剧烈效应; ② 根本不起爆,缓慢燃爆,在封闭条件下加热时不呈现任何剧烈效应; ③ 根本不起爆和燃爆,在封闭条件下加热时呈现中等效应

续表

分类类别	分类标准
E 型	任何有机过氧化物,在实验室试验中,绝不会起爆或爆燃,在封闭条件下加热时只呈现微弱效应或无效应
F 型	任何有机过氧化物,在实验室试验中,在空化状态下根本不起爆也绝不爆燃,在封闭条件下加热时只呈现微弱效应或无效应,而且爆炸力弱或无爆炸力
G 型	任何有机过氧化物,在实验室试验中,在空化状态下根本不起爆也绝不爆燃,在封闭条件下加热时显示无效应,而且无任何爆炸力,定为 G 型有机过氧化物,但该物质或混合物必须是热稳定的(50kg 包件的自加速分解温度为 60℃或更高),对于液体混合物,所用脱敏稀释剂的沸点不低于 150℃。如果有机过氧化物不是热稳定的,或者所用脱敏稀释剂的沸点低于 150℃,定为 F 型有机过氧化物

下列有机过氧化物需要进行温度控制:

a. 自加速分解温度(SADT)≤50℃的 B 型和 C 型有机过氧化物;

b. D 型有机过氧化物,在封闭条件下加热时呈现中等效应,SADT≤50℃;或者在封闭条件下加热时呈现微弱效应或无效应,SADT≤45℃;

c. SADT≤45℃的 E 型和 F 型有机过氧化物。

16. 金属腐蚀物

(1) 术语定义　金属腐蚀性物,是通过化学反应严重损坏甚至彻底毁坏金属的物质或混合物。

(2) 分类标准　金属腐蚀物分为 1 个类别,详见表 2-19。

表 2-19　金属腐蚀物分类标准

分类类别	分类标准
类别 1	在 55℃试验温度下对钢和铝进行试验,对其中任何一种材料表面的腐蚀速率超过 6.25mm/a

如果对钢或铝的初步试验表明,进行试验的物质或混合物具有腐蚀性,则无需对另一种金属继续试验。

17. 退敏爆炸物

(1) 术语定义　退敏爆炸物,指固态或液态爆炸性物质或混合物,经过退敏处理以抑制其爆炸性,使之不会整体爆炸,也不会迅速燃烧,因此可不划入"爆炸物"危险类别。

退敏爆炸物分为固态退敏爆炸物和液态退敏爆炸物。固态退敏爆炸物是指经水或乙醇润湿或用其他物质稀释,形成匀质固态混合物,使爆炸性得到抑制的爆炸性物质(包括使有关物质形成水合物实现的退敏处理)。液态退敏爆炸物是指溶解或悬浮于水或其他液态物质中,形成匀质液态混合物,使爆炸性得到抑制的爆炸性物质。

（2）分类标准 退敏爆炸物分为 4 个类别，详见表 2-20。

表 2-20 退敏爆炸物分类标准

分类类别	分类标准
类别 1	校正燃烧速率（A_C）≥300kg/min,但不超过 1200kg/min 的退敏爆炸物
类别 2	校正燃烧速率（A_C）≥140kg/min,但小于 300kg/min 的退敏爆炸物
类别 3	校正燃烧速率（A_C）≥60kg/min,但小于 140kg/min 的退敏爆炸物
类别 4	校正燃烧速率（A_C）<60kg/min 的退敏爆炸物

根据爆炸物的分类标准，不含爆炸物或分解热<300J/g 时，不适用退敏爆炸物的分类。

二、健康危害

1. 急性毒性

（1）术语定义 急性毒性，指一次或短时间口服、皮肤接触或吸入接触一种物质或混合物后，出现严重损害健康的效应。

（2）分类标准 急性毒性分为 5 个类别，详见表 2-21。

表 2-21 急性毒性分类标准

急性毒性类别		类别 1	类别 2	类别 3	类别 4	类别 5
经口 LD_{50}/(mg/kg)		≤5	≤50	≤300	≤2000	≤5000,具体标准见注
经皮 LD_{50}/(mg/kg)		≤50	≤200	≤1000	≤2000	
吸入 LC_{50}	气体/(μL/L)	≤100	≤500	≤2500	≤20000	具体标准见注
	蒸气/(mg/L)	≤0.5	≤2.0	≤10	≤20	
	粉尘和气雾/(mg/L)	≤0.05	≤0.5	≤1.0	≤5	

注：类别 5 的标准旨在识别急性毒性危险相对较低，但在某些环境下可能对易受害人群造成危险的物质。这些物质的经口或经皮 LD_{50} 的范围预计为 2000～5000mg/kg 体重，吸入途径为当量剂量。

类别 5 的具体标准为：

① 如果现有的可靠证据表明 LD_{50}（或 LC_{50}）在类别 5 的数值范围内，或者其他动物研究或人类毒性效应表明对人类健康有急性影响，那么将此物质划入此类别。

② 通过外推、评估或测量数据，将物质划入此类别，但前提是没有充分理由将物质划入更危险的类别，并且具有以下情形之一：

a. 现有的可靠信息表明对人类有显著的毒性效应；

b. 当以经口、吸入或经皮途径进行试验，剂量达到类别 4 的值时，观察到任何致命性；

c. 当试验剂量达到类别 4 的值时，专家判断证实有显著的毒性临床征象，腹泻、毛发竖立或未修饰外表除外；

d. 专家判断证实，在其他动物研究中，有可靠信息表明可能出现显著急性效应。

　　为保护动物，不应在类别 5 范围内对动物进行试验，只有在试验结果与保护人类健康直接相关的可能性非常大时，才应考虑进行这样的试验。

　　粉尘，指物质或混合物的固态粒子悬浮在一种气体中（通常是空气）；气雾，指物质或混合物的液滴悬浮在一种气体中（通常是空气）；蒸气，指物质或混合物从其液体或固体状态释放出来的气体形态。粉尘通常是通过机械工序形成的。气雾通常是由过饱和蒸气凝结或通过液体的物理剪切作用形成的。粉尘和气雾的大小通常为 $1\sim100\mu m$。

　　急性吸入毒性临界值以 4h 试验接触为基础。根据 1h 接触产生的现有吸入毒性数据的换算，对于气体和蒸气应除以因子 2，对于粉尘和气雾应除以因子 4。

2. 皮肤腐蚀/刺激

（1）术语定义　皮肤腐蚀，指对皮肤造成不可逆损伤，即在接触一种物质或混合物后发生的可观察到的表皮和真皮坏死。

　　皮肤刺激，指在接触一种物质或混合物后发生的对皮肤造成可逆损伤的情况。

（2）分类标准　皮肤腐蚀/刺激分为 3 个类别，详见表 2-22。

表 2-22　皮肤腐蚀/刺激分类标准

分类类别		分类标准
腐蚀	类别 1	在接触≤4h 之后,至少一只试验动物的皮肤组织受到损坏,即出现可见的表皮和真皮坏死
	子类别 1A	在接触≤3min 之后,经过≤1h 的观察,至少一只动物出现腐蚀反应
	子类别 1B	在接触>3min 但≤1h 之后,经过≤14d 的观察,至少一只动物出现腐蚀反应
	子类别 1C	在接触>1h 但≤4h 之后,经过≤14d 的观察,至少一只动物出现腐蚀反应
刺激	类别 2	具有下列情形之一： ① 三只试验动物中至少有两只试验动物在斑片除掉后 24h、48h 和 72h,或者如果反应延迟,在皮肤反应开始后连续 3d 的红斑/焦痂或水肿分级平均值在 2.3~4.0 之间； ②炎症在至少两只动物中持续到正常 14d 观察期结束,特别考虑到脱发(有限区域)、过度角化、过度增生和脱皮的情况； ③在一些情况下,不同动物的反应有明显的不同,单有一只动物有非常明确的与化学品接触有关的阳性效应,但低于上述标准
	类别 3	三只试验动物中至少有两只试验动物在 24h、48h 和 72h 后,或者如果反应延迟,在皮肤反应开始后连续 3d 的红斑/焦痂或水肿分级平均值在 1.5~2.3 之间(当不列入前项刺激物类别中时)

3. 严重眼损伤/眼刺激

（1）术语定义　严重眼损伤，指眼接触一种物质或混合物后发生的对眼造成非完全可逆的组织损伤或严重生理视觉衰退的情况。

眼刺激，指眼接触一种物质或混合物后发生的对眼造成完全可逆变化的情况。

（2）分类标准　严重眼损伤/眼刺激分为2个类别，详见表2-23。

表2-23　严重眼损伤/眼刺激分类标准

分类类别		分类标准
类别1 严重眼损伤（对眼造成 非完全可逆影响）		至少具有下列情形之一： ①至少对一只动物的角膜、虹膜或结膜产生效应，且该效应在通常的21d观察期内不可逆或不完全可逆； ②根据试验物质滴入后24h、48h和72h的分级计算得到的平均值，在三只试验动物中至少有两只出现下列至少一种阳性反应： a. 角膜混浊≥3； b. 虹膜炎>1.5
刺激 可能造成可逆性 眼刺激的物质	类别 2A	根据试验物质滴入后24h、48h和72h的分级计算出的平均分值，在三只试验动物中至少有两只出现下列至少一种阳性反应： a. 角膜混浊≥1； b. 虹膜炎≥1； c. 结膜充血≥2； d. 结膜水肿≥2。 但在通常的21d观察期内完全可逆
	类别2B	在2A子类中，如以上所列效应在7d观察期内完全可逆，则眼刺激物被认为是轻微眼刺激物（2B类）

4. 呼吸道或皮肤致敏

（1）术语定义　呼吸道致敏，指吸入一种物质或混合物后发生的呼吸道过敏。

皮肤致敏，指皮肤接触一种物质或混合物后发生的皮肤过敏。

（2）分类标准　呼吸道或皮肤致敏又分类为呼吸道致敏物和皮肤致敏物，各分为1个类别，每个类别包含2个子类别。分类标准详见表2-24。

表2-24　呼吸道或皮肤致敏分类标准

分类类别		分类标准
呼吸道 致敏物	类别1	至少具有下列情形之一： ①如果有证据显示该物质可导致人类特定的严重呼吸（超）过敏； ②如果适当的动物试验结果为阳性
	子类别1A	在人群中具有高发生率；或根据动物或其他试验，可能在人群中有高致敏率。反应的严重程度也可考虑在内
	子类别1B	人群中具有低度到中度的发生率；或根据动物或其他试验，可能在人群中有低度到中度的致敏率。反应的严重程度也可考虑在内

续表

分类类别		分类标准
皮肤致敏物	类别 1	具有下列情形之一： ①如果有证据显示有较大数量的人在皮肤接触后过敏； ②如果适当的动物试验结果为阳性
	子类别 1A	在人类中的发生率较高，和/或在动物身上有较大的可能性，可以假定有可能在人类身上产生严重过敏。反应的严重程度也可考虑在内
	子类别 1B	在人类身上低度到中度的发生率，和/或在动物身上低度到中度的可能性，可以假定有可能造成人的过敏。反应的严重程度也可考虑在内

5. 生殖细胞致突变性

（1）术语定义　生殖细胞致突变性，指接触一种物质或混合物后发生的遗传基因突变，包括生殖细胞的遗传结构畸变和染色体数量异常。

突变性，指细胞中遗传物质的数量或结构发生永久性改变。

（2）分类标准　生殖细胞致突变性分为 2 个类别，详见表 2-25。

表 2-25　生殖细胞致突变性分类标准

分类类别	分类标准
类别 1	已知引起人类生殖细胞可遗传突变或被认为可能引起人类生殖细胞可遗传突变的物质
子类别 1A	已知引起人类生殖细胞可遗传突变的物质： 人类流行病学研究得到阳性证据
子类别 1B	可能引起人类生殖细胞可遗传突变的物质，具有下列情形之一： ①哺乳动物体内可遗传生殖细胞致突变性试验得到阳性结果。 ②哺乳动物体内体细胞致突变性试验得到阳性结果，加上一些证据表明物质有引起生殖细胞突变的可能。举例来说，这种支持性证据可来自体内生殖细胞致突变性/生殖毒性试验，或者证明物质或其代谢物有能力与生殖细胞的遗传物质互相作用。 ③试验的阳性结果显示在人类生殖细胞中产生了致突变效应，而无需证明是否遗传给后代。例如，接触人群精子细胞的非整倍性频率增加
类别 2	由于可能导致人类生殖细胞可遗传突变而引起人们关注的物质： 哺乳动物试验获得阳性证据，和/或有时从一些体外试验中得到阳性证据，这些证据来自下列情形之一： ①哺乳动物体内体细胞致突变性试验； ②得到体内体细胞生殖毒性试验的阳性结果支持的其他体外致突变性试验。 注：应考虑将体外哺乳动物致突变性试验得到阳性结果，并且也显示与已知生殖细胞致变物有化学结构活性关系的物质，划为类别 2 致变物

6. 致癌性

（1）术语定义　致癌性，指接触一种物质或混合物后导致癌症或增加癌症发病率的情况。在正确实施的动物试验性研究中诱发良性和恶性肿瘤的物质和混合物，也被认为是假定或可疑的人类致癌物，除非有确凿证据显示肿瘤形成机制与人类无关。

（2）分类标准　致癌性分为 2 个类别，详见表 2-26。

表 2-26　致癌性分类标准

分类类别	分类标准
类别 1	已知或假定的人类致癌物： 根据流行病学和/或动物数据将物质划为类别 1
子类别 1A	已知对人类有致癌可能；对物质的分类主要根据人类证据
子类别 1B	假定对人类有致癌可能；对物质的分类主要根据动物证据。 　　根据证据的充分程度和附加考虑因素，这方面的证据可来自人类研究，确定人类接触该物质与癌症形成之间存在因果关系(已知的人类致癌物)。或者，证据也可来自动物试验，有充分证据显示对动物具有致癌性(假定的人类致癌物)。此外，在具体情况下，如研究显示有限的人类致癌迹象，并在试验动物身上显示有限的致癌迹象，也可根据科学判断作出决定，假定对人类具有致癌性
类别 2	可疑的人类致癌物： 　　将物质划为类别 2 须根据人类和/或动物研究取得的证据，但证据不足以确定将物质划为类别 1。根据证据的充分程度和附加考虑因素，这方面的证据可来自人类研究，显示有限的致癌迹象；或来自动物研究，显示有限的致癌证据

7. 生殖毒性

（1）术语定义　生殖毒性，指接触一种物质或混合物后发生的对成年男性和成年女性性功能和生育能力的有害影响以及对后代的发育毒性。

生殖毒性分为对性功能和生育能力的有害影响与对后代发育的有害影响。

对性功能和生育能力的有害影响指化学品干扰性功能和生育能力的效应，可能包括（但不限于）对雌性和雄性生殖系统的改变，对青春期的开始、生殖细胞产生和输送、生殖周期正常状态、性行为、生育能力、分娩、怀孕结果的有害影响，过早生殖衰老，或者对依赖生殖系统完整性的其他功能的改变。

对后代发育的有害影响指在出生前或出生后干扰后代正常发育的任何效应，这种效应的产生是由于受孕前父母一方的接触，或者正在发育之中的后代在出生前或出生后到性成熟之前这一期间的接触。发育毒性的主要表现包括发育中的生物体死亡、结构畸形、生长改变以及功能缺陷。

（2）分类标准　生殖毒性分为 2 个类别和附加类别，详见表 2-27。

表 2-27　生殖毒性分类标准

分类类别	分类标准
类别 1	已知或假定的人类生殖毒物： 已知对人类性功能和生育能力产生有害影响或对后代发育产生有害影响的物质，或有动物研究证据(可能还有其他信息佐证)，可相当肯定地推断该物质可对人类的生殖造成干扰
子类别 1A	已知的人类生殖毒物： 物质的分类主要根据人类证据

分类类别	分类标准
子类别1B	假定的人类生殖毒物： 　将物质划为本类别主要是以试验动物证据为基础。动物研究数据应提供明确的证据，表明在没有其他毒性效应的情况下，可对性功能和生育能力，或对后代发育产生有害影响；或者如果与其他毒性效应一起发生，对生殖的有害影响被认为不是其他毒性效应的非特异继发性结果
类别2	可疑的人类生殖毒物： 　本类别所包含的物质是，一些人类或试验动物证据（可能还有其他信息佐证），表明在没有其他毒性效应的情况下，可能对性功能和生育能力或对后代发育产生有害影响，或者如果与其他毒性效应一起发生，对生殖的有害影响被认为不是其他毒性效应的非特异继发性结果，而证据又不足以充分确定可将物质划为类别1。 　例如，研究可能存在缺陷，致使证据质量不是很令人信服，因此将之分为类别2可能更合适。
附加类别	影响哺乳或通过哺乳产生影响： 　被女性吸收并被发现干扰哺乳的物质，或者在母乳中的数量（包括代谢物）足以使人们关注以母乳喂养儿童的健康的物质，应划为此类，表明对母乳喂养的婴儿有危险的性质。 　做本类别的分类至少具有下列情形之一： 　①吸收、新陈代谢、分布和排泄研究表明，物质可能存在于母乳中，含量达到具有潜在毒性的水平； 　②一代或两代动物研究的结果提供明确的证据表明，由于物质进入母乳中或对母乳质量产生有害影响，而对后代造成有害影响； 　③人类证据表明物质在哺乳期内对婴儿有危险

8. 特异性靶器官毒性-一次接触

（1）术语定义　特异性靶器官毒性-一次接触，指单次接触一种物质或混合后对目标器官产生的特定、非致死毒性效应。未分类在急性毒性、皮肤腐蚀/刺激、严重眼损伤/眼刺激、呼吸道或皮肤致敏、生殖细胞致突变性、致癌性、生殖毒性和吸入危害危险性中的所有可能损害机能的、可逆和不可逆的、即时和/或延迟的显著健康影响，均包括在内。

（2）分类标准　特异性靶器官毒性-一次接触分为3个类别，详见表2-28。

表2-28　特异性靶器官毒性-一次接触分类标准

分类类别	分类标准
类别1	对人类产生显著毒性的物质，或者根据试验动物研究得到的证据，可假定在单次接触后有可能对人类产生显著毒性的物质。 　具有下列情形之一时将物质划入类别1： 　a. 人类病例或流行病学研究得到的可靠和质量良好的证据。 　b. 适当试验动物研究的观察结果。在试验中，在一般较低的接触浓度下产生了与人类健康相关的显著和/或严重毒性效应

续表

分类类别	分类标准
类别 2	根据试验动物研究的证据,可假定在单次接触后有可能危害人类健康的物质。 将物质划入类别 2,可根据适当试验动物研究的观察结果。在试验中,在普通中度接触浓度下产生了与人类健康相关的显著和/或严重毒性效应。 在特殊情况下,也可使用人类证据将物质划入类别 2
类别 3	暂时性目标器官效应。 有些目标器官效应可能不符合把物质/混合物划入上述类别 1 或类别 2 的标准。这些效应在接触后的短时间内引起人类功能改变,造成损害,但人类可在一段合理的时间内恢复而不留下显著的组织或功能改变。这一类别仅包括麻醉效应和呼吸道刺激

9. 特异性靶器官毒性-反复接触

(1)术语定义　特异性靶器官毒性-反复接触,指反复接触一种物质或混合物后对目标器官产生的特定毒性效应。所有可能损害机能的、可逆和不可逆的、即时和/或延迟的显著健康影响,均包括在内。

(2)分类标准　特异性靶器官毒性-反复接触分为 2 个类别,详见表 2-29。

表 2-29　特异性靶器官毒性-反复接触分类标准

分类类别	分类标准
类别 1	对人类产生显著毒性的物质,或者根据试验动物研究得到的证据,可假定在多次接触后有可能对人类产生显著毒性的物质。 具有下列情形之一时,将物质划入类别 1: a. 人类病例或流行病学研究得到的可靠和质量良好的证据。 b. 适当试验动物研究的观察结果。在试验中,在一般较低的接触浓度下产生了与人类健康相关的显著和/或严重毒性效应
类别 2	根据试验动物研究的证据,可假定在多次接触后有可能危害人类健康的物质。 将物质划为类别 2,应根据适当试验动物研究的观察结果。在试验中,普通中度接触浓度产生了与人类健康相关的明显毒性效应

10. 吸入危害

(1)术语定义　吸入,指液体或固体化学品通过口腔或鼻直接进入,或者因呕吐间接进入气管和下呼吸道系统。

吸入危险,指吸入一种物质或混合物后发生的严重急性效应,如化学性肺炎、肺损伤,乃至死亡。

(2)分类标准　吸入危害分为 2 个类别,详见表 2-30。

表 2-30　吸入危害分类标准

分类类别	分类标准
类别 1	已知引起人类吸入毒性危险的化学品或者认为会引起人类吸入毒性危险的化学品。

分类类别	分类标准
类别 1	具有下列情形之一时,物质被划入类别 1: a. 可靠、优质的人类证据(见注); b. 如果是烃类,在 40℃ 条件下测得的运动黏度 $\leqslant 20.5 mm^2/s$
类别 2	假定会引起人类吸入毒性危险而令人担心的化学品。 根据现有的动物研究结果和专家判断,考虑到表面张力、水溶性、沸点和挥发性,物质在 40℃ 时测得的运动黏度 $\leqslant 14 mm^2/s$,划入类别 1 的物质除外

注:划入类别 1 的例子有某些烃类、松脂油和松木油。

三、环境危害

1. 危害水生环境

(1) 术语定义　急性水生毒性,是指物质本身的性质,可对在水中短时间接触该物质的生物体造成伤害。

物质的可用度,是指物质成为可溶解或分解物种的程度。金属的可用度,是指金属 (M) 化合物中部分金属离子从化合物(分子)的其余部分分解出来的程度。

生物积累,是指物质经由所有接触途径(即空气、水、沉淀物/泥土和食物)被生物体吸收、转化和排出的净结果。

生物浓度,是指物质经由水传播接触,被生物体吸收、转化和排出的净结果。

慢性水生毒性,是指物质本身的性质,可对在水中接触该物质的生物体造成有害影响,其程度根据相对于生物体的生命周期确定。

复杂混合物,或多组分物质或复杂物质,是指由不同溶解度和物理化学性质的单个物质复杂混合而成的混合物。在大部分情况下,这种混合物的特点是具有特定碳链长度/置换度数目范围的同系物。

降解,是指有机分子分解为更小的分子,并最后分解为二氧化碳、水和盐类。

EC_x,产生 $x\%$ 反应的浓度。

长期(慢性)危害,对分类而言,是指化学品的慢毒性对在水生环境中长时间暴露于该化学品所造成的危害。

NOEC(无显见效果浓度),是指试验浓度刚好低于产生在统计学上有意义的有害影响的最低测得浓度。NOEC 不产生在统计上有意义的应受管制的有害影响。

急性(短期)危害,对分类而言,是指化学品的急毒性对生物体在水中短时间暴露于该化学品所造成的危害。

（2）分类标准　危害水生环境分为急性（短期）危害和长期（慢性）危害，其中急性（短期）水生危害分为 3 个类别，慢性（长期）水生危害分为 4 个类别，分别详见表 2-31 和表 2-32。

表 2-31　急性（短期）水生危害分类标准

类别 1	
至少具有下列情形之一：	
96h LC_{50}（对鱼类）	≤1mg/L
48h EC_{50}（对甲壳纲动物）	≤1mg/L
72h 或 96h ErC_{50}（对藻类或其他水生植物）	≤1mg/L
有些管理制度可对急性类别 1 进行细分,包括更低的幅度 $L(E)C_{50}$≤0.1mg/L	
类别 2	
至少具有下列情形之一：	
96h LC_{50}（对鱼类）	>1,但≤10mg/L
48h EC_{50}（对甲壳纲动物）	>1,但≤10mg/L
72h 或 96h ErC_{50}（对藻类或其他水生植物）	>1,但≤10mg/L
类别 3	
至少具有下列情形之一：	
96h LC_{50}（对鱼类）	>10mg/L,但≤100mg/L
48h EC_{50}（对甲壳纲动物）	>10mg/L,但≤100mg/L
72h 或 96h ErC_{50}（对藻类或其他水生植物）	>10mg/L,但≤100mg/L
有些管理制度可通过另外增加一个类别,将这个范围扩大到100mg/L 的 $L(E)C_{50}$ 以外	

表 2-32　慢性（长期）水生危害分类标准

①不能快速降解的物质,已掌握充分的慢毒性资料	
慢性毒性类别 1：	
至少具有下列情形之一：	
慢毒 NOEC 或 ECx（对鱼类）	≤0.1mg/L
慢毒 NOEC 或 ECx（对甲壳纲动物）	≤0.1mg/L
慢毒 NOEC 或 ECx（对藻类或其他水生植物）	≤0.1mg/L
慢性毒性类别 2：	
至少具有下列情形之一：	
慢毒 NOEC 或 ECx（对鱼类）	≤1mg/L
慢毒 NOEC 或 ECx（对甲壳纲动物）	≤1mg/L
慢毒 NOEC 或 ECx（对藻类或其他水生植物）	≤1mg/L
②可快速降解的物质,已掌握充分的慢毒性资料	
慢性毒性类别 1：	
至少具有下列情形之一：	
慢毒 NOEC 或 EC_x（对鱼类）	≤0.01mg/L
慢毒 NOEC 或 EC_x（对甲壳纲动物）	≤0.01mg/L

续表

②可快速降解的物质,已掌握充分的慢毒性资料	
慢毒 NOEC 或 EC_x（对藻类或其他水生植物）	≤0.01mg/L
慢性毒性类别 2：	
至少具有下列情形之一：	
慢毒 NOEC 或 EC_x（对鱼类）	≤0.1mg/L
慢毒 NOEC 或 EC_x（对甲壳纲动物）	≤0.1mg/L
慢毒 NOEC 或 EC_x（对藻类或其他水生植物）	≤0.1mg/L
慢性毒性类别 3：	
至少具有下列情形之一：	
慢毒 NOEC 或 EC_x（对鱼类）	≤1mg/L
慢毒 NOEC 或 EC_x（对甲壳纲动物）	≤1mg/L
慢毒 NOEC 或 EC_x（对藻类或其他水生植物）	≤1mg/L
③尚未掌握充分的慢毒性资料的物质	
慢性毒性类别 1：	
至少具有下列情形之一：	
96h LC_{50}（对鱼类）	≤1mg/L
48h EC_{50}（对甲壳纲动物）	≤1mg/L
72h 或 96h ErC_{50}（对藻类或其他水生植物）	≤1mg/L
并且,该物质不能快速降解,和/或试验确定的 BCF≥500[在无试验结果的情况下,$\lg K_{ow}$（辛醇/醇水分配系数）≥4]	
慢性毒性类别 2：	
至少具有下列情形之一：	
96h LC_{50}（对鱼类）	>1mg/L,但≤10mg/L
48h EC_{50}（对甲壳纲动物）	>1mg/L,但≤10mg/L
72h 或 96h ErC_{50}（对藻类或其他水生植物）	>1mg/L,但≤10mg/L
并且,该物质不能快速降解,和/或试验确定的 BCF≥500(在无试验结果的情况下,$\lg K_{ow}$≥4)	
慢性毒性类别 3：	
至少具有下列情形之一：	
96h LC_{50}（对鱼类）	>10mg/L,但≤100mg/L
48h EC_{50}（对甲壳纲动物）	>10mg/L,但≤100mg/L
72h 或 96h ErC_{50}（对藻类或其他水生植物）	>10mg/L,但≤100mg/L
并且,该物质不能快速降解,和/或试验确定的 BCF≥500(在无试验结果的情况下,$\lg K_{ow}$≥4)	

慢性毒性类别 4：

至少具有下列情形之一：

溶解性差的物质,在水溶性水平之下没有显示急毒性且不能快速降解,其 $\lg K_{ow}$≥4,但表现出生物积累潜力,可划为本类,除非有其他科学证据表明不需要分类。这样的证据包括经试验确定的 BCF<500,或者慢性毒性 NOEC>1mg/L,或在环境中可快速降解的证据

2. 危害臭氧层

（1）术语定义　臭氧消耗潜能值（ODP），是指一个有别于单一种类卤化碳排放源的综合总量，反映与同等质量的三氯氟甲烷（CFC-11）相比，卤化碳可能对平流层造成的臭氧消耗程度。正式的臭氧消耗潜能值定义，是某种化

合物的差量排放相对于同等质量的三氯氟甲烷而言，对整个臭氧层的综合扰动的比值。

《蒙特利尔议定书》，指议定书缔约方修改和/或修正的《关于消耗臭氧层物质的蒙特利尔议定书》。

（2）分类标准　危害臭氧层分为 1 个类别，详见表 2-33。

表 2-33　危害臭氧层分类标准

分类类别	分类标准
类别 1	《蒙特利尔议定书》附件中列出的任何受管制物质；或至少含有一种列入《蒙特利尔议定书》附件的成分、浓度≥0.1%的任何混合物

第四节　化学品危险性分类数据的查询

一、　GHS 对数据源及数据采选的要求

联合国 GHS 没有具体推荐可以参考使用的数据源，但在导言中就分类数据及与分类数据有关的测试提出了要求。按照国际公认的科学原则进行的确定危险性的试验，可用于确定对健康和环境的危险。GHS 确定健康危害和环境危害的标准对试验方法没有特殊要求。危险货物运输专家小组规定的物理危险准则与诸如易燃性和爆炸性等危险种类的具体试验方法相关联[7]。GHS 依据的是目前可获得的数据。统一分类标准是根据现有数据制定的，因此如果符合这些标准，将不要求重新试验已有公认数据的化学品。除了动物数据和有效的体外试验外，人类经验、流行病学数据和临床研究等也适用于为 GHS 危险性分类提供重要信息。现有制度大多数承认并使用临床取得的人类数据或现有的人类经验。全球统一制度的使用不应当阻止此类数据的使用，而且全球统一制度明确承认有关危险或有害效应可能性（即风险）的所有适当和相关信息的存在和使用。

GHS 强调在进行化学品危险性分类时，应采用证据权重法和专家判断的方法。对于某些危险性种类，当数据符合标准时，可以直接分类。但对于某些危险性种类，对物质或者混合物的分类是采用证据权重法作出的。在确定分类的终点时，应当考虑所有可提供的信息，包括人类流行病学调查、病例报告，连同相关的亚慢性、慢性和特定动物试验研究结果，还可以包括与所研究的物质具有化学相关性物质的评估结果，尤其是该物质的信息稀少时。

二、数据质量的分级及使用原则

化学品危险性分类数据源及数据的采用，直接关系到分类结果是否正确、合理。因此，确定化学品危险性分类的参考数据源及其使用方法，是化学品危险性分类的重要基础工作。

当完成一种化学物质的全部信息查询收集之后，需要对这些信息质量进行评估，以判定其可靠性和适当性。分类使用的数据既可以是直接测试获得的数据，也可以是采用其他方法计算或估算的数据。一般来说，应当使用质量最佳的数据，而且最好使用原始数据源提供的数据作为危险性分类的依据。例如，采用国际公认的《OECD 化学品测试准则》或者其他等效试验方法，以及符合《合格实验室规范原则》（Good Laboratory Practice，GLP）的实验室提供的试验数据。因此，在查询分类数据时，应当注意数据源中是否清晰地说明了数据产生的试验条件。当不能提供上述测试数据时，应当收集该物质所有可提供的数据，并根据可提供的最佳数据，利用证据权重法作出分类判断。

各类数据源收录的化学品种类、涵盖信息内容及其详尽程度、应用文献的出版年代和实时更新情况、数据可靠性是否经过专家同行业审查等，直接反映出该数据源的质量和价值。目前国内外存在大量可提供的化学品安全数据源。当查询不到根据国际公认的测试准则和 GLP 实验室产生的数据时，还可以利用其他办法，如利用有效的定量构效关系（quantitative structure-activity relationships，QSAR）模型来估计某些特定终点的数据。

1. 物理危险性分类数据源分级及使用原则

将化学品物理危险性分类数据分为两类：一类为能够直接反映有关物质的燃烧性、爆炸性的数据，例如闪点、爆炸极限等物理化学危险性数据；一类为与物理危险性分类有直接关系的物理特性数据（例如沸点等）。列入物理化学危险性数据第 1 级数据源的条件为：国际或发达国家权威机构提供的数据源；第 2 级数据源为除第 1 级数据源外可以参考使用的数据源。在选择物理化学危险性数据进行物理危险性分类时，建议优先使用第 1 级数据源。

2. 健康危害和环境危害分类数据源分级及使用原则

根据提供数据源机构/组织的权威性、数据源的可靠性以及数据源的类型等，将健康危害和环境危害分类数据源分为 3 级：第 1 级数据源为国际组织和发达国家有关部门或组织提供的数据源，基本上为化学品评价文件（报告），其可靠性已得到了广泛认可，引用的多数数据可以追溯到原始文献；第 2 级数据源为除第 1 级以外的其他可用的化学品评价文件或权威数据库等数据源；第 3 级数据源为原始文献数据库和化学物质综合信息数据源等。数据源优先使用的顺序为：首选第 1 级数据源；其次选择第 2 级数据源；第 3 级数据源为适当时可参考使用的数据源，其文献数据库可用来追溯查找原始文献[15]。

此外，我国农业农村部的农药登记资料、生态环境部的新化学物质申报登记资料，因已经过专家评审，所以可以作为第 1 级健康危害和环境危害数据源使用。

三、化学品危险性分类的主要数据来源

长期以来，发达国家主管当局通过化学品安全立法，建立化学品危险性信息产生、收集、评价、公示制度和机制，开发并公布大批化学品安全信息数据库系统。此外，联合国有关机构和发达国家政府主管部门还编制和发布了一系列化学品危害和风险评估报告、技术规范和指南文件，为各国化学品管理提供技术指导。

1. GHS 分类结果的官方数据源

自 GHS 在全球推广实施以来，许多国家和地区依据 GHS 的原则制定了适合本国或地区化学品管理要求的危险性分类标准，并依据标准对重点管理的化学品进行了统一危险性分类，形成了化学品 GHS 分类名单，这些名单可供化学品危险性分类时参考。下面为主要可参考的分类名单。

（1）联合国《关于危险货物运输的建议书　规章范本》　该建议书是联合国经济及社会理事会危险货物运输专家小组委员会根据技术发展情况、新物质和新材料的出现、现代运输系统的要求，特别是确保人民群众生命、财产安全和环境安全的需求编写出版，定期进行更新。该建议书的对象是主管危险货物运输的各国政府机构和国际组织机构。《规章范本》主要内容包括危险货物的分类原则、危险货物类别、危险货物一览表、一般包装要求、试验程序、标记、标签和运输单据等。

《规章范本》的物理危险性包装分类标准与 GHS 基本相同，故前者的物理危险性包装类别可以直接转化为 GHS 的物理危险性分类；第 6.1 项（毒害品）的包装分类标准与 GHS 急性毒性前 3 个类别的相应判定标准类同，但前者的包装分类没有给出接触途径，因此其包装分类结果只能作为 GHS 分类的参考。

（2）欧盟危险物质统一分类和标签清单　《欧盟关于物质和混合物分类、标签和包装法规》（EU Regulation on Classification，Labeling and Packaging of Substances and Mixtures，CLP）附件《欧盟 3.1——危险物质统一分类和标签清单》，列出了 4000 余种危险物质的分类结果。欧盟 CLP 的分类标准不包括 GHS 的以下危险性类别：易燃液体类别 4、急性毒性类别 5、皮肤腐蚀/刺激类别 3、吸入危害类别 2、急性水生毒性类别 2 和类别 3。严重眼损伤/眼刺激的类别 2 没有再分为子类别 2A 和 2B。

（3）日本化学品 GHS 分类结果信息　2007 年，日本发布了 1400 种有关法规要求编制 SDS 化学品的 GHS 分类结果，到目前为止已经有 2000 余种化学品进行了 GHS 分类，且每一种化学品均标出了分类数据及其来源。日本有关化学品分类的工业技术标准 JIS Z7252：2019 不包括 GHS 的以下类别：急性毒性类别 5、皮肤腐蚀/刺激类别 3、吸入危害类别 2 和危害臭氧层。呼吸道或皮肤致敏类别 1 没有再分出子类别 1A 和 1B。

（4）新西兰危险物质分类系统　按照危险物质和新生物法，新西兰环境风险管理局（Environmental Risk Management Authority，ERMA）对危险物质进行了分类。新西兰危险物质和新有机体（Hazardous Substances and New Organisms，HSNO）危险性分类系统的分类标准与 GHS 基本对应，部分化学品给出了分类数据及其来源。

2. 物理危险性分类数据源

（1）国际化学品安全卡（International Chemical Safety Cards，ICSC）国际化学品安全卡是联合国环境规划署、国际劳工组织（International Labour Organization，ILO）和世界卫生组织（World Health Organization，WHO）的合作机构国际化学品安全规划署（International Programme on Chemical Safety，IPCS）与欧盟（European Union，EU）合作编辑的一套具有国际权威性和指导性的化学品安全信息卡片。ICSC 共设有化学品标识、危害/接触类型、急性危害/症状、预防、急救/消防、泄漏处置、包装与标识、应急响应、储存、重要数据、物理性质、环境数据、注解和附加资料 14 个项目。安全卡片的全部数据都是由联合国指定的 10 个国家，包括美国、加拿大、德国、英国、荷兰及日本等的 16 个著名权威机构的专家提出的。参与卡片编写的机构有：①加拿大蒙特利尔劳动安全与健康委员会；②英国工业生物研究协会；③法国原子能公署；④加拿大艾伯塔职业卫生与安全研究所；⑤加拿大卫生与福利部；⑥芬兰职业卫生研究所；⑦荷兰作业环境研究所；⑧比利时卫生与流行病研究所；⑨美国环境保护局；⑩德国医药学和毒理学研究所；⑪美国国家职业安全与卫生研究所；⑫德国联邦卫生局；⑬日本国立卫生科学研究所；⑭法国巴黎南方大学毒理学研究实验室；⑮西班牙国立劳动安全与卫生研究所；⑯德国卫生与微生物研究所。

根据 IPCS 的授权，在国家经贸委安全生产局、国家环保总局的支持下，中国石化北京化工研究院环保所自 1994 年以来一直在组织有关专业人员从事英文版国际化学品安全卡的中文翻译工作，曾委托化学工业出版社出版过《国际化学品安全卡手册》1～3 卷，供国内工业企业和有关单位用户查询使用。

1999～2000 年在 IPCS 和国际劳工组织国际职业安全卫生信息中心（International Labour Organization-International Occupational Safety and Health Information Centre，ILO-CIS）的支持下，中国石化北京化工研究院环保所/计算中心完成了国际化学品安全卡（中文版）网络数据库查询系统研究开发工作，并在网上设立专门站点（网址：http://icsc.brici.ac.cn）。作为联合国机构设立的国际化学品安全卡国际查询系统的一部分，该系统得到 IPCS 机构的认可。

http：//www.ilo.org/dyn/icsc/showcard.home（英文版）；

http：//icsc.brici.ac.cn/（中文版）。

（2）兰氏化学手册第 16 版（Lange's Handbook of Chemistry，16th Edition） 兰氏化学手册第 16 版内容包括有机化合物、无机化合物、物理性质、热力学性质、光谱学、电解质、电动势和化学平衡等资料。该手册收录了 4400 多种有机物和 1400 多种无机物的物理常数、临界性质和热力学数据。使用者可以使用 CAS 登记号或者化学物质名称进行检索查询，是从事化学、物理、生物、矿物、医药、石油、化工、材料等方面工作的科技人员、生产人员、大专院校师生和各类图书馆必备的工具书。

3. 健康危害分类数据源

（1）IARC 人类致癌性危险评价专论（IARC Monographs on the Evaluation of Carcinogenic Risk to Humans，IARC Monographs） 国际癌症研究机构（International Agency for Research on Cancer，IARC）是世界卫生组织下属机构，IARC 的使命是协调和开展人类致癌的原因、致癌机理研究以及制定预防癌症的科学战略。IARC 编制了各种致癌物的评价专论报告。使用者可以利用 CAS 登记号或者化学物质名称查询已经过评价的致癌物的名单以及 IARC 人类致癌风险评价专论。

网址：http：//monographs.iarc.fr/

（2）美国环境保护局化学物质综合危险性信息系统（Integrated Risk Information System，IRIS） 美国环保局（Environmental Protection Agency，

EPA）开发的化学物质综合危险性信息系统（IRIS）收录了化学品的各种危害评价信息，包括慢性（非致癌）健康效应的经口参考剂量（Reference Dose，RfDs）、吸入参考浓度（Reference Concentrations，RfCs）等信息，该数据库定期进行数据更新。使用者可以利用 CAS 登记号、化学物质名称、关键词进行查询。

网址：http：//www.epa.gov/iris/

（3）美国国家毒理学计划（National Toxicology Program，NTP）　美国国家毒理学计划（NTP）由美国国家癌症研究所（National Cancer Institute，NCI）、国家环境卫生科学研究所（Institute of Environment Health Sciences，NIEHS）、国家毒理学研究中心（National Center for Toxicological Research，NCTR）和国家职业安全与健康研究所（National Institute for Occupational Safety and Health，NIOSH）制订。NTP 负责向管理部门、研究机构和公众提供关于潜在有毒化学品的信息，在设计、开展和解释动物毒性和致癌性实验方面居世界领先地位。NTP 每年发布的致癌物年度报告是美国 OSHA 宣布致癌物质名单的主要资料来源之一。使用者可以通过 CAS 登记号或者化学物质名称查询已经评定为人类致癌物的名称以及评价报告的全文。

网址：https：//ntp.niehs.nih.gov/results/dbsearch/index.html

（4）欧盟 REACH 已注册物质数据库　该数据库涵盖了所有已经注册的物质信息，信息内容包括物质的一般信息（包括物质的识别信息、注册号、联系人等），分类标签信息，生产使用暴露信息（包括推荐用途及限制用途等），持久性、生物蓄积性、毒性（psersistent，bioaccumulative，toxic，简称PBT）评估报告，物理危险性信息，健康危害信息，环境危险性信息，安全使用指南（包括急救措施、消防措施、泄漏应急处理、操作处置与储存、废弃处置、稳定性和反应性、暴露控制及个人防护七部分内容）。

对于欧盟 REACH 已注册物质数据库，REACH 的注册信息是针对物质的，因此在该数据库中只能查到物质的信息，不能查到物品、混合物或产品的信息。但需要注意的是，REACH 不会对数据库中信息的准确性负责。

用户可以通过美国化学文摘社检索服务号（Chemical Abstracts Service Number，CAS No.）、欧洲现有商业化学品目录编号（European Inventory of Existing Commercial Chemical Substances Number，EC No.）、化学品名称等对物质进行检索。如果用户不能提供任何检索信息，则数据库中所有物质的信息会以列表的形式呈现出来。

网址：http：//echa.europa.eu/web/guest/information-on-chemicals/registered-substances

（5）日本国立技术与评价研究所数据库：化学物质危险信息平台　日本国立技术与评价研究所（National Institute of Technology and Evaluation，NITE）开发的化学物质危险信息平台（Chemical Risk Information Platform，CHRIP）是一个为公众免费提供化学品基础信息和法规监管信息的数据库。该数据库可以为公众应对国内外法律法规及充分有效地评估化学品危险性提供信息支持。为了保证数据的质量，数据库每两个月会更新一次数据，数据都来自国内外权威的官方资料。其中环境危害的数据摘自日本的化学物质控制法数据库（Japan Chemical Collaborative Knowledge Database，J-CHECK 数据库）。

化学物质危险信息平台向公众展现的信息包括 8 部分内容：①化学品的基本信息，包括 CAS 号、化学品名称、别名、分子式、结构式；②日本境内的法律、法规信息，包括 20 个法规；③日本境外的目录和法律法规信息，包括 10 个目录/法律法规；④化学品的暴露情况，在《特定化学物质环境登记管理法》（Pollutant Release and Transfer Register，PRTR）系统上登记的生产、进口化学品的数量；⑤日本和其他国家的危害评估情况，包括 GHS 分类结果、危害评估报告和风险评估报告；⑥物理和化学特性，主要包括化学品的特征参数，如沸点、熔点、水中溶解度、蒸气压等；⑦环境危害；⑧健康危害。

网址：http：//www.safe.nite.go.jp/japan/db.html

4. 环境危害分类数据源

（1）美国 EPA 生态毒理学数据库　生态毒理学数据库（Ecotoxicology Database，ECOTOX）是一个综合性数据库，它提供了单一化学应激源对生态相关水生和陆生物种的不利影响的信息。ECOTOX 包括超过 910000 个测试记录，涵盖 12500 种水生和陆生物种和 11500 种化学品。ECOTOX 数据的主要来源是同行评审的文献，通过对公开文献的全面搜索确定测试结果。作者提供的所有有关物种、化学物质、试验方法和结果的相关信息都被提取到 ECOTOX 数据库中。

ECOTOX 还包括从 EPA、美国地质调查局、俄罗斯及经合组织（OECD）其他成员国收集的第三方数据，这些成员国汇总了在非英语期刊上发表或未在公开文献中提供的研究。ECOTOX 包括所有用户支持文档的链接、常见问题和网络上提供的其他生态毒理学工具。数据库每季度用新数据更新一次。

网址：http：//cfpub.epa.gov/ecotox/

（2）日本现有化学物质生物降解性和生物富集性信息　日本国立技术与评价研究所的化学物质危险信息平台（CHRIP），收录了根据日本化学物质审查法开展的现有化学物质生物降解性和生物富集性试验结果的数据，包括生物富集系数（Bioconcentration Factors，BCF）等试验数据，全部数据均经过化学物质专家委员会同业审查。使用者可以通过化学物质名称以及 CAS 登记号查询。

网址：https：//www.nite.go.jp/index.html

第五节　我国危险化学品的确定原则

根据 GHS，我国先后制定修订了相关法律法规，并将 GHS 转化为化学品分类和标签系列国家标准。2006 年，我国根据 GHS（第一版）制订发布了《化学品分类、警示标签和警示性说明安全规范》（GB 20576～20599—2006，GB 20601 和 GB 20602—2006）26 项国家标准。由于 GHS 每两年进行动态修订，2013 年 10 月，我国依据 GHS（第四修订版）发布了《化学品分类和标签规范（GB 30000.2～29—2013）》28 项国家标准，确立了化学品危险性 28 类的分类体系。根据化学品分类和标签系列国家标准，从化学品 28 类 95 个危险类别中选取了其中危险性较大的 81 个类别作为危险化学品的确定原则[16]。

一、物理危险 16 类

爆炸物：不稳定爆炸物、1.1、1.2、1.3、1.4。

易燃气体：类别 1、类别 2、化学不稳定性气体类别 A、化学不稳定性气体类别 B。

气溶胶（又称气雾剂）：类别 1。

氧化性气体：类别 1。

加压气体：压缩气体、液化气体、冷冻液化气体、溶解气体。

易燃液体：类别 1、类别 2、类别 3。

易燃固体：类别 1、类别 2。

自反应物质和混合物：A 型、B 型、C 型、D 型、E 型。

自燃液体：类别 1。

自燃固体：类别 1。

自热物质和混合物：类别 1、类别 2。

遇水放出易燃气体的物质和混合物：类别 1、类别 2、类别 3。

氧化性液体：类别 1、类别 2、类别 3。

氧化性固体：类别 1、类别 2、类别 3。

有机过氧化物：A 型、B 型、C 型、D 型、E 型、F 型。

金属腐蚀物：类别 1。

二、健康危害 10 类

急性毒性：类别 1、类别 2、类别 3。

皮肤腐蚀/刺激：类别 1A、类别 1B、类别 1C、类别 2。

严重眼损伤/眼刺激：类别 1、类别 2A、类别 2B。

呼吸道或皮肤致敏：呼吸道致敏物类别 1A、呼吸道致敏物类别 1B、皮肤致敏物类别 1A、皮肤致敏物类别 1B。

生殖细胞致突变性：类别 1A、类别 1B、类别 2。

致癌性：类别 1A、类别 1B、类别 2。

生殖毒性：类别 1A、类别 1B、类别 2、附加类别。

特异性靶器官毒性-一次接触：类别 1、类别 2、类别 3。

特异性靶器官毒性-反复接触：类别 1、类别 2。

吸入危害：类别 1。

三、环境危害 2 类

危害水生环境（急性危害）：类别 1、类别 2；危害水生环境（长期危害）：类别 1、类别 2、类别 3。

危害臭氧层：类别 1。

我国化学品危险性类别与 GHS 危险性类别比较详见表 2-34。

GHS 目前已经更新至第八修订版，上表中的 GHS 危险性类别设置按照 GHS 第七修订版设置。目前我国在危险性类别设置上暂未采用 GHS 后续修订版中新增的退敏爆炸物和发火气体。

根据我国危险化学品的确定原则，我国发布了《危险化学品目录（2015 版）》，共设置了 2828 个条目。随着新化学品的不断出现，以及人们对化学品危险性认识的提高，按照《危险化学品安全管理条例》第三条的有关规定，将会适时对目录进行调整，不断补充和完善。未列入目录的化学品并不表明其不符合危险化学品确定原则，应根据危险化学品的确定原则进行鉴定分类，属于危险化学品的按照国家有关规定进行管理。

表 2-34　我国化学品危险性类别与 GHS 危险性类别比较

危险性类别		项别						
物理危险	爆炸物	不稳定爆炸物	1.1	1.2	1.3	1.4	1.5	1.6
	易燃气体	1A				易燃气体类别 1B	易燃气体类别 2	
		易燃气体	发火气体	化学不稳定性气体类别 A	化学不稳定性气体类别 B			
	气溶胶	1	2	3				
	氧化性气体	1						
	加压气体	压缩气体	液化气体	冷冻液化气体	溶解气体			
	易燃液体	1	2	3	4			
	易燃固体	1	2					
	自反应物质和混合物	A	B	C	D	E	F	G
	自燃液体	1						
	自燃固体	1						
	自热物质和混合物	1	2					
	遇水放出易燃气体的物质和混合物	1	2	3				
	氧化性液体	1	2	3				
	氧化性固体	1	2	3				
	有机过氧化物	A	B	C	D	E	F	G
	金属腐蚀物	1						
	退敏爆炸物	1	2	3	4			
健康危害	急性毒性	1	2	3	4	5		
	皮肤腐蚀/刺激	1A	1B	1C	2	3		
	严重眼损伤/眼刺激	1	2A	2B				
	呼吸道或皮肤致敏	呼吸道致敏物类别 1A	呼吸道致敏物类别 1B	皮肤致敏物类别 1A	皮肤致敏物类别 1B			

续表

危险性类别				项别			
健康危害	生殖细胞致突变性	1A	1B	2			
	致癌性	1A	1B	2			
	生殖毒性	1A	1B	2	附加类别:影响哺乳或通过哺乳产生影响		
	特异性靶器官毒性-一次接触	1	2	3			
	特异性靶器官毒性-反复接触	1	2				
	吸入危害	1	2				
环境危害	危害水生环境	急性 1	急性 2	急性 3	长期 1	长期 2	长期 3	长期 4
	危害臭氧层	1					

注:深色背景的是我国危险化学品的分类范围。

第六节 我国危险化学品及危险货物的关系

《危险货物分类和品名编号》(GB 6944—2012)将危险货物(也称危险物品或危险品)定义为"具有爆炸、易燃、毒害、感染、腐蚀、放射性等危险特性,在运输、储存、生产、经营、使用和处置中,容易造成人身伤亡、财产损毁或环境污染而需要特别防护的物质和物品"。根据其定义,危险货物既有满足危险货物危险性分类的化学品,也有满足危险货物分类的物品。而根据危险化学品的定义,危险化学品适用于化学品,而不适用于物品。因此,危险化学品与危险货物不等同。不能一概而论地认为危险化学品就是危险货物,或者危险货物就是危险化学品,这是我国在危险化学品监管和运输监管时容易混淆的两个概念。

我国危险货物分类体系采用联合国《关于危险货物运输的建议书 规章范本》中的 9 大类分类[17],详见表 2-35。危险货物分类体系是根据运输过程中发生风险的类型来分类的,其侧重于危险货物的物理危险性和急性毒性,该分类体系中对有毒物质的分类仅考虑其急性毒性,未考虑对人体健康的慢性毒性，特别是对致癌、生殖毒性和致突变物质没有进行分类。

表 2-35 我国危险货物的危险性类别

类别	危险性名称
第 1 类 爆炸品	1.1 项：有整体爆炸危险的物质和物品
	1.2 项：有迸射危险，但无整体爆炸危险的物质和物品
	1.3 项：有燃烧危险并有局部爆炸危险或局部迸射危险或这两种危险都有，但无整体爆炸危险的物质和物品
	1.4 项：不呈现重大危险的物质和物品
	1.5 项：有整体爆炸危险的非常不敏感物品
	1.6 项：无整体爆炸危险的极端不敏感物品
第 2 类 气体	2.1 项：易燃气体
	2.2 项：非易燃无毒气体
	2.3 项：毒性气体
第 3 类 易燃液体	易燃液体
第 4 类 易燃固体、易于自燃的物质、遇水放出易燃气体的物质	4.1 项：易燃固体、自反应物质和固态退敏爆炸品
	4.2 项：易于自燃的物质
	4.3 项：遇水放出易燃气体的物质
第 5 类 氧化性物质和有机过氧化物	5.1 项：氧化性物质
	5.2 项：有机过氧化物
第 6 类 毒性物质和感染性物质	6.1 项：毒性物质
	6.2 项：感染性物质
第 7 类 放射性物质	放射性物质
第 8 类 腐蚀性物质	腐蚀性物质
第 9 类 杂项危险物质和物品，包括危害环境物质	a. 以微细粉尘吸入，可危害健康的物质
	b. 会放出易燃气体的物质
	c. 锂电池
	d. 救生设备
	e. 一旦发生火灾，可形成二噁英的物质和物品
	f. 在高温下运输或提交运输的物质
	g. 危害环境物质
	h. 转基因微生物或转基因生物体
	i. 硝酸铵基化肥

我国危险货物和危险化学品的物理危险性和急性毒性分类基本一致，但因危险货物是 9 大类分类体系，危险化学品是 28 类分类体系，危险货物的一些类别对应在危险化学品分类中是多个拆开的类别。例如：危险货物第 4 类易燃固体、易于自燃的物质、遇水放出易燃气体的物质，则对应了危险化学品的易燃固体、自反应物质和混合物、自燃固体、自燃液体、自热物质和混合物以及遇水放出易燃气体的物质和混合物 6 类危险性分类。我国危险化学品与危险货物分类关系详见表 2-36，表中以我国危险化学品分类的类别和项别设置，划"√"的为我国危险货物的分类范围。

表 2-36 我国危险化学品与危险货物分类范围

危险性类别		危险性项别						
物理危险	爆炸物	不稳定爆炸物	1.1 √	1.2 √	1.3 √	1.4 √	1.5	1.6
	易燃气体	类别1 √	类别2 √	化学不稳定性气体类别A		化学不稳定性气体类别B		
	气溶胶	类别1 √	易燃气溶胶	不易燃气溶胶				
	氧化性气体	类别1 √						
	加压气体	压缩气体 √	液化气体 √	冷冻液化气体 √		溶解气体 √		
	易燃液体	类别1 √	类别2 √	类别3 √				
	易燃固体	类别1 √	类别2 √					
	自反应物质和混合物	A型 √	B型 √	C型 √	D型 √	E型 √	F型	G型
	自燃液体	类别1 √						
	自燃固体	类别1 √						
	自热物质和混合物	类别1 √	类别2 √					
	遇水放出易燃气体的物质和混合物	类别1 √	类别2 √	类别3 √				
	氧化性液体	类别1 √	类别2 √	类别3 √				
	氧化性固体	类别1 √	类别2 √	类别3 √				
	有机过氧化物	A型 √	B型 √	C型 √	D型 √	E型 √	F型 √	G型
	金属腐蚀物	类别1 √						
健康危害	急性毒性	类别1 √	类别2 √	类别3 √				
	皮肤腐蚀/刺激	类别1A √	类别1B √	类别1C √	类别2			
	严重眼损伤/眼刺激	类别1	类别2A	类别2B				
	呼吸道或皮肤致敏物	皮肤致敏物类别1A/1B		呼吸道致敏物类别1A/1B				
	生殖细胞致突变性	类别1A	类别1B	类别2				

续表

危险性类别		危险性项别				
健康危害	致癌性	类别1A	类别1B	类别2		
	生殖毒性	类别1A	类别1B	类别2	附加类别	
	特异性靶器官毒性-一次接触	类别1	类别2	类别3		
	特异性靶器官毒性-反复接触	类别1	类别2			
	吸入危害	类别1				
环境危害	危害水生环境	急性1 √	急性2	长期1 √	长期2 √	长期3
	危害臭氧层	类别1				
危险货物涵盖,但危险化学品未涵盖的分类类别		退敏爆炸品、聚合物质和混合物、感染性物质、放射性物质、第9类除环境危害的杂项危险物质和物品				

从表 2-36 不难发现,危险货物未涉及危险化学品物理危险性的不稳定爆炸物和化学不稳定性气体的类别;健康危害的皮肤刺激、严重眼损伤/眼刺激、呼吸道或皮肤致敏物、生殖细胞致突变性、致癌性、生殖毒性、特异性靶器官毒性-一次接触、特异性靶器官毒性-反复接触、吸入危害的类别;环境危害的危害臭氧层分类。危险化学品分类未涉及危险货物的退敏爆炸品、聚合物质和混合物、感染性物质、放射性物质、第9类除环境危害的杂项危险物质和物品的分类。其余物理危险性的分类设置二者基本一致,爆炸物、气溶胶、自反应物质和混合物以及有机过氧化物的分类范围,危险货物范围大于危险化学品,危险化学品分类范围不包含爆炸物的 1.5 和 1.6 项、气溶胶的易燃气溶胶和不易燃气溶胶、自反应物质和混合物的 F 型和 G 型、有机过氧化物的 G 型。环境危害的危害水生环境分类,危险化学品分类范围大于危险货物。

综上,我国危险化学品与危险货物相互交叉又不完全相同,因此,不能只简单地认为危险化学品就一定是危险货物,反之亦然。鉴别一种化学品是否属于危险化学品或危险货物,应依据相应的危险性分类范围进行鉴别。例如,某燃烧热低于 30kJ/g 的气溶胶,假设其不具备健康危害和环境危害,根据联合国《试验和标准手册》[18] 喷雾气雾剂的点火距离试验,该气溶胶的发生点火距离在 15~75cm 之间,根据试验结果,该气溶胶属于危险货物,但该气溶胶不属于危险化学品,这是由于危险化学品和危险货物关于气溶胶的分类范围不统一;氟化钴,根据《危险化学品目录(2015 版)》,该化学品的危险性为致癌性类别2,属于列入该目录的危险化学品,但该化学品不属于危险货物,这是由于危险货物分类体系不涉及致癌性。

参考文献

[1]　国际劳工组织.作业场所安全使用化学品公约版.1990.

[2]　联合国环境规划署和联合国粮食及农业组织.关于在国际贸易中对某些危险化学品和农药采用事先知情同意程序的鹿特丹公约.1998.

[3]　联合国环境规划署.关于化学品国际贸易资料交换的伦敦准则.1987.

[4]　国家卫生计生委.化学品毒性鉴定技术规范.2015.

[5]　化学品安全技术说明书 内容和项目顺序.GB/T 16483—2008.

[6]　国家环境保护总局化学品登记中心.《中国现有化学物质名录》增补申报技术规程.2001.

[7]　Globally Harmonized System of Classification and Labelling of Chemicals（GHS）. Seventh revised edition. New York and Geneva：United Nations，2017.

[8]　国务院.化学危险物品安全管理条例.1987.

[9]　国务院令第 344 号.危险化学品安全管理条例.2002.

[10]　国务院令第 591 号.危险化学品安全管理条例.2011.

[11]　Regulation（EC）No. 1272/2008 of the European Parliament and of the Council. EU：2008.

[12]　OSHA. Hazard Communication. 2012.

[13]　JIS Z 7253 Hazard Communication of Chemicals Based on GHS-Labelling and Safety Data Sheet（SDS）. Japan：2012.

[14]　Correlation between GHS and New Zealand HSNO Hazard Classes and Categories. EPA， 2012.

[15]　Japanese GHS Inter-minsterial Committee. GHS Classification Guidance for Enterprises. Tokyo：Ministry of Economy，Trade and Industry，2009.

[16]　国家安全生产监督管理总局,工业和信息化部,公安部，等.危险化学品目录，2015.

[17]　Recommendations on the Transport of Dangerous Goods：Model Regulations. Twentieth revised edition. New York and Geneva：United Nations，2017.

[18]　Recommendations on the Transport of Dangerous Goods：Manual of Tests and Criteria. Sixth revised edition. New York and Geneva：United Nations，2015.

第三章

化学品物理危险性鉴定

　　化学品物理危险性鉴定是判定化学品物理危险性的重要手段。联合国 GHS 推荐的化学品物理危险性的测试标准和方法主要为《联合国关于危险货物运输的建议书 试验和标准手册》（以下简称《试验和标准手册》）[1]。《化学品分类和标签规范》系列标准（GB 30000.2～GB 30000.17—2013）中的测试方法按照《试验和标准手册》（第五修订版）执行。我国根据《试验和标准手册》（第四修订版）制定了相应的化学品危险性检测标准，例如《危险品 爆炸品摩擦感度试验方法》（GB/T 21566—2008）等。国家安全生产监督管理总局为配套《化学品物理危险性鉴定与分类管理办法》的实施，根据《试验和标准手册》（第五修订版）发布了《化学品物理危险性测试导则》。目前《试验和标准手册》最新版本为第六修订版，相对于第五修订版，增加了氧化性固体重量试验、退敏爆炸物测试等测试方法。

　　《化学品分类和标签规范》（GB 30000.2～GB 30000.17—2013）中物理危险性类别有：爆炸物、易燃气体、气溶胶、氧化性气体、加压气体、易燃液体、易燃固体、自反应物质和混合物、自燃液体、自燃固体、自热物质和混合物、遇水放出易燃气体的物质和混合物、氧化性液体、氧化性固体、有机过氧化物、金属腐蚀物，共计 16 种。GHS 第七修订版新增一项物理危险性类别，退敏爆炸物。本章主要对上述 17 种物理危险性分类所涉及的测试方法或计算方法进行概述和分析。

第一节　爆　炸　物

一、现有测试方法和标准

　　对于爆炸物的分类和分项试验，目前主要依据《试验和标准手册》第一部分爆炸物的相关试验标准和方法。按照《试验和标准手册》（第六修订版），爆炸物的分类和进一步分项共包括 8 个试验系列，爆炸物的分类认可程序采用试验系列 1～4，爆炸物的项别划分采用试验系列 5～7。试验系列 8 用来判定炸药中间体硝酸铵乳胶、悬浮剂或凝胶（ammonium nitration emulsions，ANE）是否不够敏感，可划分为氧化性液体或氧化性固体。

《试验和标准手册》对某些特性的测试给出了多个试验方法，同时也推荐了其中一种试验方法，附录 6 甄别程序给出了爆炸物初步筛选的方法，可用于决定是否有必要进行大规模的测试试验。

欧盟于 2008 年发布的"EC440/2008 法规附件 A 部分：理化特性测试方法[2]"中对于爆炸物的测试包括三个试验：热敏感性测试、在撞击方面的机械敏感性测试和在摩擦方面的机械敏感性测试，分别用于确定固体或糊状物质在受到火焰（热敏感性）、撞击或摩擦（机械敏感性）作用时是否显示出爆炸危险，以及液体物质在受到火焰或撞击作用时是否显示出爆炸危险。其中火焰感度测试未列入《试验和标准手册》中，撞击敏感性测试和摩擦敏感性测试分别与《试验和标准手册》中相应的试验 3（a）（二）联邦材料检验局落锤仪、试验 3（b）（一）联邦材料检验局摩擦仪等同。

我国根据《试验和标准手册》颁布了爆炸物相关测试标准，但尚有部分试验方法未转化成国标的，如试验系列 7（h）1.6 项物品的缓慢升温试验、试验系列 7（k）1.6 项物品的堆垛试验以及硝酸铵乳剂相关试验等。《试验和标准手册》中不同试验系列中含有相同名称的试验，这些试验在不同试验系列中有微小差异。例如试验系列 1（a）和试验系列 2（a）均为联合国隔板试验，但两种隔板试验在仪器设备上有区别，目前国内已有的标准《危险品　隔板试验方法》（GB/T 21570—2008）与试验系列 1（a）一致，对试验 2（a）未作说明；试验系列 1（b）和试验系列 2（b）均为克南试验，但二者的判定标准不同，现有国标《危险品　克南试验方法》（GB/T 21578—2008）与试验系列 1（b）一致，对试验 2（a）未作说明。

我国已发布的爆炸物相关测试标准与《试验和标准手册》中相关测试方法对应情况见表 3-1。

表 3-1　我国已发布的爆炸物相关测试标准与对应的《试验和标准手册》方法

国家标准名称	国家标准编号	对应的《试验和标准手册》方法
危险品　隔板试验方法	GB/T 21570—2008	试验系列 1(a)
危险品　克南试验方法	GB/T 21578—2008	试验系列 1(b)
危险品　时间/压力试验方法	GB/T 21579—2008	试验系列 2(c)（一）
危险品　爆炸品撞击感度试验方法	GB/T 21567—2008	试验系列 3(a)

国家标准名称	国家标准编号	对应的《试验和标准手册》方法
危险品　爆炸品摩擦感度试验方法	GB/T 21566—2008	试验系列 3(b)
危险货物热稳定性试验方法	GB/T 21280—2008	试验系列 3(c)
危险品　小型燃烧试验方法	GB/T 21580—2008	试验系列 3(d)
危险品　液体钢管跌落试验方法	GB/T 21581—2008	试验系列 4(b)
危险品　雷管敏感度试验方法	GB/T 21582—2008	试验系列 5(a)
危险品　爆燃转爆轰试验方法	GB/T 21571—2008	试验系列 5(b)
危险品　1.5 项物品的外部火烧试验方法	GB/T 21572—2008	试验系列 5(c)
危险品　单个包件试验方法	GB/T 21573—2008	试验系列 6(a)
危险品　堆垛试验方法	GB/T 21574—2008	试验系列 6(b)
化学品危险性分类试验方法　外部火烧(篝火)试验	GB/T 27836—2011	试验系列 6(c)
危险品　极不敏感引爆物质的雷管试验方法	GB/T 21575—2008	试验系列 7(a)
危险品　极不敏感引爆物质的隔板试验方法	GB/T 21576—2008	试验系列 7(b)
危险品　极不敏感引爆物质的脆性试验方法	GB/T 21577—2008	试验系列 7(c)
危险品　极不敏感引爆物质的子弹撞击试验方法	GB/T 21625—2008	试验系列 7(d)
危险品　极不敏感引爆物质的外部火烧试验方法	GB/T 21626—2008	试验系列 7(e)
危险品　极不敏感引爆物质的缓慢升温试验方法	GB/T 21627—2008	试验系列 7(f)
危险品　1.6 项物品的外部火烧试验方法	GB/T 21628—2008	试验系列 7(g)
危险品　1.6 项物品的子弹撞击试验方法	GB/T 21629—2008	试验系列 7(j)

二、测试方法概述

1. 筛选程序

筛选程序可用于被怀疑具有爆炸性质的新物质。物质的爆炸性质与分子内存在的某些原子团有关，这些原子团会发生反应使温度或压力迅速上升，筛选程序是为了确定物质是否具有这些活性原子团和迅速释放能量的潜力。

如果分子里没有与爆炸性相关的原子团，则不需要进行爆炸物相关认可程序。可能显示爆炸性的原子团包括：不饱和 C—C（如乙炔；乙炔化物；1,2-二烯类）；C-金属；N-金属（如格氏试剂；有机锂化物）；相邻氮原子（叠氮化物；脂肪族偶氮化物；重氮盐类；肼类；磺酰肼类）；相邻氧原子（过氧化物；臭氧化物）；N-O（羟胺类；硝酸盐；硝基化物；亚硝基化物；N-氧化物；1,2-噁唑类）；N-卤原子（氯胺类；氟胺类）；O-卤原子（氯酸盐；过氯酸盐；亚碘酰化物）。

如果物质中含有具有爆炸性的含氧原子团，而计算出的氧平衡少于−200，也不需要进行爆炸物相关认可程序。氧平衡是针对如下化学反应而计算的：

$$C_xH_yO_z + [x + (y/4) - (z/2)]O_2 \rightleftharpoons xCO_2 + (y/2)H_2O$$

采用的公式是：

$$氧平衡 = -1600 \times \frac{2x + \dfrac{y}{2} - z}{分子量} \tag{3-1}$$

对于含有某个（或多个）具有爆炸性原子团的有机物质或有机物质的均匀混合物，如果放热分解能低于500J/g，或放热分解起始温度≥500℃，则不需要进行爆炸物相关认可程序。

对于无机氧化性物质与有机物质的混合物，如果划入高危险的类别1或中危险的类别2时，无机氧化性物质的质量分数低于15%，或划入低危险的类别3，无机氧化性物质的质量分数低于30%，则也不需要进行爆炸物相关认可程序。

2. 系列1试验1（a）：联合国隔板试验

本试验用于测定物质在钢管中的封闭条件下受到起爆药爆炸的影响后传播爆轰的能力。

将试样装在一根无缝碳钢管中，钢管的外径为（48±2）mm，壁厚为4mm，长度为（400±5）mm。如果试样可能与钢材质起反应，钢管内部可以涂上氟碳树脂。

试验时将试样装至钢管的顶部。固体试样要装到敲拍钢管时观察不到试样下沉的程度。称量试样的质量，如果是固体，通过其钢管内的体积计算视密度。钢管垂直放置，起爆装药紧贴着封住钢管底部的薄片放置。将雷管贴着起爆装药固定好后引发。试验应进行两次，除非一次即观察到物质爆炸。

试验结果的评估根据是钢管的破裂形式和验证板是否穿透一个洞。得出最严重评估结果的试验应当用于分类。如果出现钢管完全破裂或验证板穿透一个洞，试验结果即为"＋"，亦即物质传播爆轰；任何其他结果都被视为"－"，即物质不传播爆轰。

3. 系列1试验1（b）：克南试验

本试验用于确定固态和液态物质在高度封闭条件下对高热作用的敏感度。

试验设备包括一个不能再次使用的钢管及可再次使用的封闭装置，安装在一个加热和保护的装置内。钢管的开口端做成凸缘。封口板带一小孔，供试样分解产生的气体排出，封口板用耐热的铬钢制成，有如下直径（mm）的孔板：1.0、1.5、2.0、2.5、3.0、5.0、8.0、12.0、20.0。

通常用收到的试样做试验，不过在某些情况下可能需要把试样压碎后再做试验。对于固体，每次试验所用的试样质量根据分两阶段进行的准备程序来确定。第一阶段在配衡钢管中装入9cm³的试样，用施加在钢管整个横截面的

80N 的力将试样压实，如果试样是可压缩的，那么就再添加一些试样并予以压实，直到钢管装至距离顶端 55mm 为止。确定将钢管装至 55mm 水平所用的试样总量，在钢管中再添加两次这一质量的试样，每次都用 80N 的力压实。然后视情况添加试样并压实或者将试样取出以便使钢管装至距离顶端 15mm 的水平。第二阶段的准备程序开始时是将第一阶段的准备程序中确定的试样总量的三分之一装入钢管并压实，再在钢管里添加两次这一质量的试样并用 80N 的力压实，然后视需要添加或取出试样以便将钢管中的试样水平调至距离顶端 15mm。每次试验所用的固体质量是第二阶段的准备程序中确定的质量，将这一质量分成三等份装入钢管，每一等份都压缩成 9cm^3。液体和胶体装至钢管的 60mm 高处，装胶体时应特别小心以防形成空隙。

试验系列从使用 20.0mm 的孔板做一次试验开始。如果在这次试验中观察到"爆炸"结果，就使用没有孔板和螺帽但有螺纹套筒（孔径 24.0mm）的钢管继续进行试验。如果在孔径 20.0mm 时"没有爆炸"，就用以下孔径（mm）12.0、8.0、5.0、3.0、2.0、1.5 和最后用 1.0mm 的孔板继续做一次试验，直到这些孔径中的某一个取得"爆炸"结果为止。物质的极限直径是得到"爆炸"结果的最大孔径。如果用 1.0mm 直径取得的结果是"没有爆炸"，极限直径即记录为小于 1.0mm。

如果极限直径为 1.0mm 或更大，结果即为"＋"，亦即物质在封闭条件下加热显示某种效应；如果极限直径小于 1.0mm，结果即为"－"，亦即物质在封闭条件下加热不显示某种效应。

4. 系列 1 试验 1 (c)：时间/压力试验

本试验用于确定物质在封闭条件下点火的效应，以便确定物质在正常商业包件中可能达到的压力下点火是否导致具有爆炸猛烈性的爆燃。

试验设备为一个长 89mm、外径 60mm 的圆柱形钢质压力容器。点火系统包括一个低压雷管中常用的电引信头以及一块 13mm 见方的点火细麻布。可以使用具有相同性质的电引信头。点火细麻布是两面涂有硝酸钾/硅/无硫火药烟火剂的亚麻布。固体点火装置的准备程序开始时是将电引信头的黄铜箔触头同其绝缘体分开。对于液体试样，将引线接到电引信头的接触箔上。

试验时将装上压力传感器但无铝防爆盘的设备以点火塞一端朝下架好。将 5.0g 试样放进设备中并使之与点火系统接触。装填设备时通常不压实，除非为了将 5.0g 试样装入容器需要轻轻压实。如果轻轻压实仍然无法将 5.0g 试样全部装入，则装满容器就可。应当记下所用的装料质量。装上铅垫圈和铝防爆盘，并将夹持塞拧紧。将装了试样的容器移到点火支撑架上，防爆盘朝上，并置于适当的防爆通风橱或点火室中。点火塞外接头接上点火机,将装料点火。压力传感器产生的信号记录在既可用于评估又可永久记录所取得的时间/压力图形的适当系统上。

试验进行三次。记下表压从 690kPa 上升至 2070kPa 所需的时间。用最短的时间来进行分类。如果达到的最大压力≥2070kPa,结果即为"+",亦即物质显示爆燃的能力;如果任何一次试验达到的最大压力<2070kPa,结果即为"-",亦即物质没有显示爆燃的可能性。不点燃不一定表明物质没有爆炸性质。

5. 系列 2 试验 2(a):联合国隔板试验

本试验用于测定物质在钢管中的封闭条件下对爆炸冲击的敏感度。

试样装在一根无缝碳钢管中,钢管的外径为(48±2)mm,壁厚为 4mm,长度为(400±5)mm。如果试样可能与钢起反应,钢管内部可以涂上氟碳树脂。钢管底部用一层塑料薄片拉紧(达到塑性变形)包覆并紧密固定。塑料片应与受试物质相容。钢管上端装设一块边长(150±10)mm、厚 3mm 的方形低碳钢验证板,并用(1.6±0.2)mm 厚的隔板将其隔开。液体的试验设备与固体的试验设备相同。需要一块直径(50±1)mm、长度(50±1)mm 的聚甲基丙烯酸甲酯(有机玻璃)隔板。试验中需要用到起爆药。

试验时将试样装至钢管的顶部。固体试样要装到敲拍钢管时观察不到试样下沉。称量试样的质量,如果是固体,计算其视密度。钢管垂直放置,有机玻璃隔板紧贴着封住钢管底部的薄片放置。起爆装药贴着有机玻璃隔板放置,然后将雷管贴着起爆装药底部固定好后引发。试验应进行两次,除非观察到物质爆炸。

试验结果根据钢管的破裂形式和验证板是否穿孔进行评估。得出最严重评估结果的试验应当用于分类。如果钢管完全破裂或验证板穿孔,试验结果即为"+",亦即物质对冲击敏感;任何其他结果都被视为"-",即物质对爆炸冲击不敏感。

6. 系列 2 试验 2(b):克南试验

本试验用于确定固态和液态物质在高度封闭条件下对高热作用的敏感度。试验方法同试验 1(b)。

如果极限直径为 2.0mm 或更大,结果即为"+",亦即物质在封闭条件下加热显示剧烈效应;如果极限直径小于 2.0mm,结果即为"-",亦即物质在封闭条件下加热不显示剧烈效应。

7. 系列 2 试验 2（c）：时间/压力试验

本试验用于确定物质在封闭条件下点火的效应，以便确定物质在正常商业包件中可能达到的压力下点火是否导致具有爆炸猛烈性的爆燃。试验方法同试验 1（c）。

试验进行三次。记下表压从 690kPa 上升至 2070kPa 所需的时间。取最短的时间用于分类。如果压力从 690kPa 升至 2070kPa 所需的时间小于 30ms，结果即为"＋"，亦即物质显示迅速爆燃的能力；如果上升时间不小于 30ms，或者表压没有达到 2070kPa，结果即为"－"，亦即物质显示不爆燃或缓慢爆燃。不点燃不一定表明物质没有爆炸性质。

8. 系列 3 试验 3（a）：联邦材料检验局（The Bundesanstalt für Materialforschung und-prüfung，BAM）落锤仪

本试验用于测量固体和液体对落锤撞击的敏感度，并确定物质是否过于危险，因而判断其受试形态是否不适于运输。

落锤仪的主要部分是带有底板的铸钢块、击砧、圆柱、导轨、带有释放装置的落锤和撞击装置。试样封闭在由两个同轴钢圆柱体组成的撞击装置中，两个钢圆柱体放在中空的圆柱形钢导向环中，一个压在另一个上面。

使用的撞击能用落锤的质量和落高计算（例如 $1kg \times 0.5m \approx 5J$）。使用 10J 的撞击能进行第一次试验，如果在此试验中观察到的结果是"爆炸"，就逐级降低撞击能，继续进行试验，直到观察到"分解"或"无反应"为止。在这一撞击能水平下重复进行试验，如果不发生爆炸，重复进行六次试验；否则就再逐级降低撞击能，直到测定出极限撞击能为止。如果在 10J 撞击能水平下，观察到的结果是"分解"或"无反应"（即不爆炸），则逐级增加撞击能继续进行试验，直到第一次得到"爆炸"的结果。此时再降低撞击能，直至测定出极限撞击能。

如果在六次试验中至少出现一次"爆炸"的最低撞击能不超过 2J，试验结果即为"＋"，亦即物质为不稳定爆炸物；否则，结果即为"－"。

9. 系列 3 试验 3（b）：联邦材料检验局（BAM）摩擦仪

本试验用于测量物质对摩擦刺激的敏感度，并确定该物质是否过于危险，因而判断其受试形态是否不适于运输。

摩擦仪由铸钢基座及安装在该基座上的摩擦装置组成，它包含一个固定的瓷棒和一个可移动的瓷板。

试验系列从用 360N 荷重进行一次试验开始。每次试验结果的解释分为"无反应"、"分解"和"爆炸"。如果在第一次试验中观察到"爆炸"结果，便

逐级减少荷重继续进行试验，直到观察到"分解"或"无反应"结果为止。在此摩擦荷重水平上重复进行试验，如果不发生"爆炸"，重复进行六次试验；否则就再逐级减少荷重，直到在六次试验中没有发生"爆炸"的最低荷重得到确定为止。如果在 360N 的第一次试验中，结果为"分解"或"无反应"，那么此试验也要再进行最多五次。如果在这一最高荷重的六次试验中，结果都是"分解"或"无反应"，即认为物质对摩擦是不敏感的。如果在这六次试验中得到一次"爆炸"结果，就按上述的方法减少荷重。

如果在六次试验中出现一次"爆炸"的最低摩擦荷重小于 80N，试验结果即为"＋"，亦即物质为不稳定爆炸品；否则，试验结果即为"－"。

10. 系列 3 试验 3（c）：75℃热稳定性试验

本试验用于测量物质在高温条件下的热稳定性，以确定物质是否过于危险而不能运输。

对于危险性不明的新物质，应首先进行鉴别试验判断其性质，如使用少量试样加热 48h 进行初步筛选。如果用少量试样进行试验时没有发生爆炸反应，那么应使用下面所述的程序；如果发生爆炸或着火，物质即为热稳定性太差，划分为不稳定爆炸物。

无仪器试验：称量 50g 试样并放入烧杯，加盖后放进烘箱。将烘箱加热到 75℃，试样留在这一温度下的烘箱里 48h 或者直到出现着火或爆炸，以较早发生者为准。如果没有出现着火或爆炸但出现某种自加热的迹象，如冒烟或分解，那么应当进行"有仪器试验"。但如果物质没有显示热不稳定的迹象，可以认为它是热稳定的，不需要进一步测试。

有仪器试验：将 100g（或 $100cm^3$，如果密度$<1000kg/m^3$）试样放在一根管子里，将同样质量或体积的参考物质放在另一根管子里。将热电偶插到管内物质一半高度的地方。如果热电偶对于试样和参考物质来说不是惰性的，则必须用惰性的外罩包住。在试样和参考物质达到 75℃以后的 48h 期间内，测量试样与参考物质之间的温度差（如果有），并记下试样分解的迹象。

在无仪器试验中，如果出现着火或爆炸，结果即为"＋"；如果没有观察到变化，结果即为"－"。在有仪器试验中，如果出现着火或爆炸或者记录的温度差（即自加热）为 3℃或更大，结果即为"＋"；如果没有出现着火或爆炸，但记录的温度差小于 3℃，可能需要进行进一步的试验和/或评估以便确定试样是否是热不稳定的。如果试验结果是"＋"，物质即为热不稳定。

11. 系列 3 试验 3（d）：小型燃烧试验

本试验用于确定物质对火烧的反应。

试验需要约用 200mL 煤油浸泡过的 100g 锯木屑，并将其铺成长 30cm、宽 30cm 和厚 1.3cm 的底座。对于不易点燃的物质，将厚度增至 2.5cm。还需要一个电点火器和一个正好可以盛下试样并与其兼容的薄壁塑料烧杯。在烧杯内放置 10g 试样，将烧杯置于浸泡过煤油的木屑底座的中央，然后用电点火器将木屑点燃。用 10g 试样进行两次试验，再用 100g 进行两次，除非一次即观察到爆炸。

对于固体，可以使用替代试验方法。替代试验方法需要一个计时器和一张置于不燃表面的 30cm×30cm 的牛皮纸。将试样在牛皮纸上堆成锥形，堆的高度与基部半径相等。绕试样一周撒一道无烟火药，然后在两个对角相对的点上从一个安全距离利用一种适当的点火装置将无烟火药点燃。牛皮纸被这道无烟火药点燃，然后将火焰传到试样。用 10g 进行两次试验，再用 100g 进行两次试验，除非一次即观察到爆炸。

如果试验物质发生爆炸，试验结果即为"＋"，亦即物质为不稳定爆炸物；否则，试验结果即为"－"。

12. 系列 4 试验 4（a）：物品和包装物品的热稳定性试验

本试验用于评估物品和包装物品在高温条件下的热稳定性以确定进行试验的单元是否太过于危险而不能运输。可用于进行本试验的最小单元是最小的包装单元，或者如果是无包装运输，则为无包装物品。一般来说，应对用于运输的包件进行试验。如果包件太大放不进烘箱或由于其他原因无法这样做，应使用尽可能装入最多物品的类似的较小包件进行试验。

本试验需要一个装有风扇和能够控温在（75±2）℃的烘箱，烘箱应有测温热电偶和温度失控保护装置。将热电偶或者置于无包装物品的外壳上，或者置于靠近包件中心的一个物品的外壳上。热电偶与温度记录器相连。将试验单元连同热电偶放入烘箱，加热到 75℃ 并保持 48h。然后让烘箱冷却后取出试验单元并检查。记录温度并记下反应、损坏或渗漏情况。

如果出现爆炸、着火、温度上升超过 3℃、物品外壳或外容器损坏、发生危险的渗漏（即在物品外部可见到爆炸物现象），试验结果即为"＋"，亦即物品或包装物品过于危险，因而不能运输；如果没有外部效应，并且温度上升不超过 3℃，试验结果即为"－"。

13. 系列 4 试验 4（b）：液体的钢管跌落试验

本试验用于测定均质高能液体在密封钢管中从不同高度跌落到钢砧上的爆炸特性。

试验用钢（A37 型）管的内径为 33mm，外径为 42mm，长 500mm。管内装满试验液体，上端拧上铸铁螺帽，用聚四氟乙烯胶带密封。螺帽钻有一个充装用的 8mm 轴向孔，用塑料塞封闭。记下液体的温度和密度。在试验前 1h 或 1h 内将液体摇晃 10s。钢管垂直落下，跌落高度逐级变化，每级 0.25m，最大高度为 5m，找出不发生爆轰的最大高度。如果在跌落 5m 或不到 5m 后发生爆轰，试验结果即为 "＋"，亦即液体过于危险，因而不能运输。如果在跌落 5m 后发生局部反应但无爆轰，试验结果为 "－"，但不得使用金属容器，除非已向主管部门证明用这种容器运输是安全的。如果从 5m 处跌落后没有发生反应，试验结果即为 "－"，亦即试验液体可以用任何适宜装液体的容器运输。

14. 系列 4 试验 4（b）：物品、包装物品和包装物质的 12m 跌落试验

本试验用于确定一个试验单元，即物品、包装物品或包装物质（均质液体除外）能否承受自由下落的撞击而不发生明显的燃烧或爆炸危险，不用于评估包件是否承受得住撞击。

试验需要一块表面非常平滑的硬板作为撞击面，如厚度至少 75mm、布氏硬度不小于 200 的钢板，由厚度至少 600mm 的坚固混凝土底座支撑。撞击面的长度和宽度应不小于试验单元尺寸的 1.5 倍。

试验时试验单元从 12m 高处跌落，这个高度是从试验单元的最低点到撞击面的距离。然后再进一步检查试验单元以确定是否发生了点燃或引发。对包装物质或物品进行三次跌落试验，除非较早发生决定性现象，例如着火或爆炸。不过，每个试验单元只跌落一次。记录的数据应包括包件说明和观察结果。记录的结果应包括照片和引发点火的视听证据、发生时间以及用整体爆轰或爆燃之类的术语表示结果的严重程度，也应记录试验单元在撞击时的姿态。包件的破裂可以记下，但不影响结论。

如果撞击引起着火或爆炸，试验结果即为 "＋"，亦即包装物质或物品过于危险，因而不能运输。单是包件或物品外壳破裂时，试验结果不为 "＋"。如果在三次跌落中都没有发生着火或爆炸，结果即为 "－"。

15. 系列 5 试验 5（a）：雷管敏感度试验

本冲击试验用于确定物质对强烈机械刺激的敏感度。

雷管敏感度试验的试验装置为直径至少 80mm、长 160mm、壁厚最多 1.5mm 的硬纸板管子，管底用刚好能够留住试样的薄膜封闭。

试验时将受试物质分三等份装入管子中。对于自由流动的颗粒物质，在装完每一等份后，让管子从 50mm 高处垂直地落下以便把试样压实。胶状物质应小心地装实以避免出现空隙。对于直径＞80mm 的高密度筒装爆炸物，使用

原来的药筒。如原来的药筒太大不方便用于试验，可把药筒不少于 160mm 长的一部分切下来用于做试验。在这种情况下，雷管应插入物质没有受到切割药筒影响的一端。对于敏感度可能与温度有关的爆炸物，在试验前必须在 28～30℃ 的温度下存放至少 30h。含有粒状硝酸铵的爆炸物如可能遇到高环境温度，在试验前应进行如下温度循环：25℃→40℃→25℃→40℃→25℃。管子放在验证板和钢底板上，把标准雷管从爆炸物顶部中央插入。然后，从一个安全位置给雷管点火，检查验证板。试验进行三次，除非物质发生爆轰。

如果在任何一次试验中出现下列情况：验证板扯裂或其他形式的穿透（即可通过验证板见到光线），验证板上有凸起、裂痕或弯折，并不表明具有雷管敏感性；或铅圆筒中部从其原有长度压缩 3.2mm 或更多，结果即为"＋"；否则结果即为"－"。

16. 系列 5 试验 5（b）：美国爆燃转爆轰试验

本试验用于确定物质从爆燃转爆轰的倾向。

试验设备为一根长度为 457mm 的"3 英寸 80 号"（1 英寸≈0.0254m）碳（A53B 级）钢管。将试样装在钢管中，钢管内径 74mm、壁厚 7.6mm，一端用"3000 磅"（1 磅≈0.45kg）锻钢管帽盖住，另一端用一块边长 13cm、厚 8mm 的正方形软钢验证板焊在钢管上。试样容器中心放置一个包含 5.0g 黑火药（孔径 0.84mm 的 20 号筛 100% 通过，孔径 0.297mm 的 50 号筛 100% 不通过）的点火器。点火器装置是一个直径 21mm、长 64mm 的圆筒形容器，用 0.54mm 厚的乙酸纤维素制成，由两层尼龙丝增强的乙酸纤维素带固定在一起。点火药盒的长度约为 1.6cm，可装 5g 点火药。点火药盒内有一个用长 25mm、直径 0.3mm、电阻 0.343Ω 的镍铬合金电阻丝做成的小环。这个小环接在两根绝缘的铜引线上。

试验时将环境温度的试样装入钢管中，装到 23cm 高度后，将点火器插入钢管中心，拉紧引线并用环氧树脂密封。然后将余下的试样装入并拧上顶盖。对于胶状试样，尽可能把试样装到接近其正常的运输密度。对于颗粒试样，反复轻拍钢管表面以压实。钢管垂直放置，点火药用从 20V 变压器获得的 15A 电流点燃。试验应进行三次，除非较早发生爆燃转爆轰。

如果验证板穿透一个孔，试验结果即为"＋"；如果验证板没有穿透一个孔，试验结果即为"－"。

17. 系列 5 试验 5（c）：1.5 项的外部火烧试验

本试验用于确定运输包装的物质陷入火中时是否会爆炸。

试验需要用到金属格栅和一个或多个爆炸性物质包件。待试验包件的总体

积应不小于 $0.15m^3$，爆炸性物质的净重不超过 200kg。金属格栅用于将包件架在燃料之上并使包件能够充分加热。

包件应尽可能互相紧靠着放在金属格栅上。必要时，在试验中可用一条钢带将这些包件围捆起来托住它们。燃料放在格栅下面的方式要使火能够包围包件。可用堆成网格状的木条烧火、用液体燃料烧火或用丙烷燃烧器作为加热方法。

建议采用方法如下：用截面大约 50mm 见方的风干的木条在金属格栅下面堆成网格状，金属格栅离地面 1m 高。木条应超出包件，超出的距离每个方向应至少为 1.0m，木条之间的横向距离约为 100mm。准备足够的燃料使火能够持续燃烧至少 30min，或者烧到物质或物品明显地有充分时间对火起反应。

可使用装有适当液体燃料的储槽、木材和液体燃料混合物或煤气代替木材烧火的方法。

试验通常只进行一次，但是如果用于烧火的木材或其他燃料全部烧完后，在残余物中或在火烧区附近仍留有相当数量的爆炸性物质未烧毁，那么应当用更多的燃料或用另一种方法增加火烧的强度和/或持续时间，再进行一次试验。如果试验结果不能够确定危险项别，应该再进行一次试验。在本试验中试验物质发生爆炸，结果即为"＋"。

18. 系列 6 试验 6（a）：单个包件试验

本试验适用于单个包件，用于确定其内装物是否整体爆炸。试验需要雷管以及点火器等。

试验时将包件放在地上的一块钢验证板上。用形状和大小与试验包件相似的容器装满泥土或沙子，尽可能紧密地放在试验包件的四周以使每个方向的最小封闭厚度达到 0.5m 或 1.0m，其中对于体积不超过 $0.15m^3$ 的包件为 0.5m，体积超过 $0.15m^3$ 的包件为 1.0m。引发物质或物品后做下列观察：热效应、迸射效应、爆轰、爆燃或包件全部内装物爆炸的情况。试验应进行三次，除非在更早时候出现如全部内装物爆炸等决定性结果。

如果发生整体爆炸，如试验现场出现一个坑、包件下面的验证板损坏、测量到冲击波和封闭材料分裂和四散，表示待测试物质或物品可考虑划入 1.1项。如果物质或物品被列入 1.1 项，那么不需要另外再做试验；否则应进行类型 6（b）的试验。

19. 系列 6 试验 6（b）：堆垛试验

本试验适用于爆炸性物质、爆炸性物品包件或者无包装爆炸性物品，用于确定爆炸是否从一个包件传播到另一个包件或者从一个无包装物品传播到另一个物品。

试验需要用到雷管以及点火器等。点燃或引发点应当置于靠近堆垛中心的一个包件中。未装在容器里运输的物品按类似于包装物品所用的方式进行试验。引发物质或物品并观察热效应、迸射效应、爆轰、爆燃或包件全部内装物爆炸的情况。试验应进行三次，除非在更早时候出现决定性结果。

如果在堆垛试验中，一个以上包件或无包装物品的内装物实际上瞬时爆炸，那么产品应划入 1.1 项。这种情况包括：试验现场出现的坑比在单一包件或无包装物品试验中出现的要大得多；堆垛下的验证板损坏程度比在单一包件或无包装物品试验中造成的损坏要严重；测量到的冲击波大幅度超过在单一包件或无包装物品试验中测量到的；大部分封闭材料破裂和四散得很严重。否则，应继续进行外部火烧（篝火）试验。

20. 系列 6 试验 6（c）：外部火烧（篝火）试验

本试验用于确定爆炸性物质或爆炸性物品包件或无包装爆炸性物品陷入火中时是否具有发生整体爆炸或者有危险的迸射、辐射热、猛烈燃烧或任何其他危险效应的危险。

试验需要用到足够的包件或无包装物品以及用于将产品架在燃料之上并使其能够充分加热的金属格栅。

试验时将在其提交运输的状况和形式下的所需数目包件或无包装物品尽可能互相紧靠着放在金属格栅上。包件的放置方向应使迸射物有最大的可能性打到验证屏。必要时，可用一条钢带将这些包件或无包装物品围捆起来在试验过程中托住它们。燃料放在格栅下面的方式要使火能够包围包件或无包装物品。可能需要挡住边风以防热气散失。可使用堆成网格状的木条、液体或气体燃料加热，火焰温度至少 800℃。

采用木材烧火加热方法如下：用截面大约 50mm 见方的干木条在金属格栅下面堆成网格状，金属格栅离地面 1m 高。木条应超出包件或无包装物品每个方向至少 1.0m，木条之间的横向距离约为 100mm。

可使用装有适当液体燃料的储槽、木材和液体燃料混合物烧火的方法代替木材烧火的方法。如果使用气体燃料，燃烧面积应超出包件或无包装物品，超出的距离每个方向应至少为 1.0m。

在包件或无包装物品四周的三面距离其边缘 4m 处竖立垂直的验证屏。下风面不用屏障，因为长时间暴露于火焰可能会改变铝片对迸射物的阻挡力。铝片的放置方式应使其中心与包件或无包装物品的中心一样高，如果后者高出地面不到 1m，那么铝片应与地面接触。如果在试验前验证屏上已有穿孔或凹痕，应当对这些穿孔或凹痕做记号，使它们能够与试验中造成的穿孔或凹痕明确地区分开。

把点火系统放在适当位置后从两边同时点燃燃料。试验不应在风速超过 6m/s 的条件下进行。观察是否有爆炸现象、潜在的危险迸射物和热效应。

试验通常只进行一次，但是如果用于烧火的木材或其他燃料全部烧完后，在残余物中或在火烧区附近仍留有相当数量的爆炸性物质未烧毁，那么应当用更多的燃料或用另一种方法增加火烧的强度或持续时间，再进行一次试验。如果试验结果不能够使危险项别得以确定，应该再进行一次试验。

如果发生整体爆炸，产品即被划入 1.1 项。如果爆炸的内装物比例相当大以致在评估实际危险性时应假设包件或无包装物品的全部爆炸性内装物同时爆炸，即视为发生整体爆炸。如果没有发生整体爆炸，则根据验证屏穿孔情况等参数进一步确定是否属于其他项别。

21. 系列 6 试验 6 (d)：无约束包件试验

本试验适用于单一包件，用于确定内装物意外点火或引发是否会在包件外造成危险效果。

试验需要雷管、点火器、验证板（厚度 3.0mm 的软钢板）等。

试验时将包件放在一块置于地上的钢验证板上，四周无障碍。引爆物品并观察是否有以下现象发生：包件下的验证板凹陷或穿孔，出现闪光或火焰可点燃邻近材料，包件破裂造成内装爆炸物抛出或抛出物造成容器完全穿孔。试验应取不同方向进行三次，除非更早观察到决定性结果。

如果物品产生的任何危险效果限于包件内，则划入配装组 S。如果在包件外部有危险效果，产品不能划入配装组 S。包件以外危险效果的证据包括：包件下的验证板凹陷或穿孔；闪光或火焰可点燃邻近材料，如一张距离包件 25cm 密度为 $(80\pm3)g/m^2$ 的纸；包件破裂造成内装爆炸物抛出或抛出物完全穿透容器（抛出物或碎片留在容器内或粘在容器壁上，被认为无危险）。

22. 系列 7 试验 7 (a)：极不敏感引爆物质的雷管试验

本试验用于确定可能的极不敏感引爆物质（extremely insensitive substance，EIS）对强烈机械刺激的敏感度。

本试验的试验装置以及试验程序与试验 5 (a) 雷管敏感度试验相同。

如果在任何一次试验中出现下列情况，结果即为"＋"，亦即物质不应划为极不敏感引爆物质：

① 验证板扯裂或其他形式的穿透（即通过验证板可看到光线），验证板上有凸起、裂痕或弯折并不表明雷管敏感性；

② 铅圆筒中部从其原有长度压缩 3.2mm 或更多。

23. 系列 7 试验 7 (b)：极不敏感引爆物质的隔板试验

本试验用于测定可能的极不敏感引爆物质对规定的冲击水平，如对规定的供体装药和隔板的敏感度。

本试验的装置由一种爆炸装药（供体）、一个屏障（隔板）、一个装试验炸药的容器（受体）和一块钢验证板（靶子）组成。将雷管、供体装药、隔板和受体装药同轴地排列在验证板的中央上面。用合适的垫圈使受体装药的悬空端和验证板之间保持 1.6mm 的空隙，垫圈不同受体装药重叠。应当注意确保雷管和供体之间、供体和隔板之间、隔板和受体装药之间接触良好。试样和传爆器在试验时应在环境温度下。为了收集验证板的残余，整个装置可以架在盛水容器的上面，水面和验证板底面之间至少留有 10cm 的空隙，验证板只沿两边架住。可使用其他收集方法，但是，验证板下面必须有足够的自由空间，以防阻碍验证板被击穿。

试验进行三次，除非在较早时候观察到正结果。验证板击穿一个光洁的洞表示在试样中引发了爆炸。在任何试验中引爆的物质不是极不敏感引爆物质，结果记为"＋"。

24. 系列 7 试验 7 (c)：极不敏感引爆物质的脆性试验

脆性试验用于确定压实的可能极不敏感引爆物质在撞击效应下严重变质的倾向。

试验需要下列设备：一件能以 150m/s 的速度发射直径为 18mm 的圆柱形试验体的武器；一块 Z30C13 型不锈钢板，厚 20mm，正面粗糙度 3.2μm；一个在 20℃时为 (108±0.5)cm^3 的测压器；一个点火盒，由一根加热金属线和平均粒径 0.75mm 的 0.5g 黑火药组成。

试样以足以使撞击速度尽可能接近 150m/s 的初速度对着钢板发射。撞击后收集的碎片的质量应至少为 8.8g，把这些碎片放在测压器中点火。试验进行三次。

记录压力对时间的曲线 $p=f(t)$，从而绘制出 $\mathrm{d}p/\mathrm{d}t=f'(t)$ 曲线。在后一曲线上读出最大值 $(\mathrm{d}p/\mathrm{d}t)_{max}$。由此可估计对应于撞击速度 150m/s 的 $(\mathrm{d}p/\mathrm{d}t)_{max}$ 值。

如果在速度 150m/s 下得到的平均最大 $(\mathrm{d}p/\mathrm{d}t)_{max}$ 值大于 15MPa/ms，那么试验物质不是极不敏感引爆物质，结果记为"＋"。

25. 系列 7 试验 7 (d)：极不敏感引爆物质的子弹撞击试验

子弹撞击试验用于评估可能的极不敏感引爆物质对以规定速度飞行的特定

能量源（即一颗12.7mm射弹）撞击和穿透所产生的动能转移作出的反应。

使用以常规方法制造的爆炸物试样。试样的长度应为20cm，直径要刚好能装入一根内径为45mm（±10％变差）、壁厚4mm（±10％变差）和长200mm的无缝钢管。钢管用强度至少同钢管一样的钢或铸铁端盖封闭，用力扭到204N·m。子弹是标准的12.7mm穿甲弹，弹丸质量为0.046kg，从12.7mm口径的枪以大约每秒（840±40）m的军用速度发射。

将爆炸性物质放入钢管中，并用盖封住做成物品，应至少制造六个物品用于试验。每个试验物品放在与枪口距离适当的一个合适支座上。每个试验物品必须固定在其支座上的夹持装置内。这个夹持装置应能箝住物品使其不被子弹移动位置。试验时把一颗子弹射入每个试验物品。应以试验物品的长轴同飞行路线垂直的方式（即撞击钢管的边）至少进行三次试验。还应以试验物品的长轴同飞行路线平行的方式（即撞击端盖）至少进行三次试验。

收集试验容器的残骸。容器完全破碎表示爆炸或爆轰。如果在任何一次试验中爆炸或爆轰的物质不是极不敏感引爆物质，结果记为"＋"。

26. 系列7试验7（e）：极不敏感引爆物质的外部火烧试验

外部火烧试验用于确定可能的极不敏感引爆物质在封闭条件下对外部火烧的反应。

使用以常规方法制造的爆炸物试样。试样的长度应为20cm，直径要刚好能装入一根内径为45mm（±10％变差）、壁厚4mm（±10％变差）和长200mm的无缝钢管。钢管用钢或铸铁端盖封闭，并用力扭到204N·m，封闭用的材质强度至少同钢管一样。

试验程序同试验系列6试验6（c）外部火烧（篝火）试验程序相近，但有以下不同：试验时使用一团火吞没以三个相邻的堆垛堆在一起的15个封闭的试样，每一堆垛由2个试样放在3个试样上捆绑在一起组成；或三团火吞没平放着捆绑在一起的5个试样。

拍摄彩色照片作为每次试验后的试样情况的记录。记录陷坑以及封闭钢管的碎片大小和位置，作为反应程度的证据。起爆或反应激烈、碎片抛射到15m以外的爆炸性物质不是极不敏感引爆物质。

27. 系列7试验7（f）：极不敏感引爆物质的缓慢升温试验

本试验用于确定极不敏感引爆物质对逐渐升温环境的反应，并找出发生反应时的温度。

使用以常规方法制造的爆炸物试样。试样的长度应为200mm，直径要刚好能装入一根内径为45mm（±10％变差）、壁厚4mm（±10％变差）和长

200mm 的无缝钢管。钢管用强度至少同钢管一样的钢或铸铁端盖封闭，用力扭到 204N·m。

将试样装置放入烘箱内，烘箱温度范围为 40～365℃，升温速率为 3.3℃/h，加热均匀。使用精确度为±2%的仪器测量烘箱内空气的温度以及钢管外表面的温度，以不超过 10min 的时间间隔连续监测，直到出现反应为止。本试验开始时可把试验物品预先置于预期反应温度以下 55℃。记录试样温度开始超过烘箱温度时的温度。

在每次试验完成后，收回试验区内的钢管或任何钢管碎片，并检查有无激烈爆炸反应的迹象。可拍摄彩色照片以记录物体和试验设备在试验前和试验后的情况。还可记录陷坑和任何碎片的大小及位置，作为反应程度的证据。对每一可能的极不敏感引爆物质进行三次试验，除非在较早时候观察到正结果。

起爆或反应激烈（一个或两个端盖破裂和钢管裂成三块以上碎片）的物质不被视为极不敏感引爆物质。

28. 系列 7 试验 7 (g)：1.6 项物品的外部火烧试验

外部火烧试验用于确定提交运输形式的考虑划入 1.6 项的物品对外部火烧的反应。

本试验的试验装置以及试验程序与试验系列 6 试验 6 (c) 外部火烧（篝火）试验相同。如果单个物品的体积超过 0.15m³，只需要一个物品。如果试验中出现比《试验和标准手册》附录 8 所述的燃烧更剧烈的反应，该物品不划为 1.6 项物品。

29. 系列 7 试验 7 (h)：1.6 项物品的缓慢升温试验

本试验用于确定考虑划入 1.6 项的物品对逐渐升温环境的反应和找出发生反应时的温度。

试验设备是一个烘箱，温度范围为 40～365℃，升温速率为 3.3℃/h，加热均匀。由于渗出物和易爆气体与加热装置接触引发的反应等次发反应会使试验无效，可通过用密封的内容器把无包装的物品装起来的办法避免次发反应。由于加热会引起空气压力增加，因此应配备降压装置。

把试验物品置于烘箱内，以升温速率 3.3℃/h 加热，直到试验物品发生反应为止。使用精确度为±2%的仪器持续监测或至少每隔 10min 测量一次烘箱内空气的温度和物品外表面的温度。本试验可以从预先把试验物品调整到比预测的反应温度低 55℃开始。

拍摄彩色静物照片以记录物品和试验设备在试验前和试验后的状况。把炸坑和碎片大小记录下来，作为反应程度的证据。试验进行两次，除非在较早时候得到正结果。如果试验中出现比《试验和标准手册》附录 8 所述的燃烧更剧烈的反应，该物品不划为 1.6 项物品。

30. 系列 7 试验 7 (j)：1.6 项物品的子弹撞击试验

子弹撞击试验用于评估考虑划入 1.6 项的物品对特定能量源的撞击和穿透产生的动能转移作出的反应。

使用三支 12.7mm 口径的枪发射军用 12.7mm 穿甲弹，弹丸质量为 0.046kg。必要时调整标准推进剂装药量，使弹丸速度达到公差允许范围。采用遥控的方式通过厚钢板上的一个洞发射枪，以防被碎片损坏。枪口与受试物品的距离应至少 10m，以确保撞击前子弹的稳定，而枪口与受试物品的最大距离为 30m，视物品中的爆炸物质量而定。试验物品应固定在一个夹持装置内，该装置应能箝住物品使其不被射弹移动位置。试验用摄影或其他方法做直观记录。

对于考虑划分为 1.6 项的物品，是以（840±40）m/s 的速度和 600 发/min 的发射率进行三轮连发设计。以三个不同的放置方向重复进行试验。打击部位选择主管部门评估为最薄弱的区域，即通过评估爆炸敏感度（爆炸性和敏感性）以及对物品设计的了解，表明有可能产生最剧烈反应水平的部位。

如果反应水平比燃烧更为剧烈，结果记为"＋"，该物品不划为 1.6 项物品。

31. 系列 7 试验 7 (k)：1.6 项物品的堆垛试验

本试验用于确定一个提交运输形式的考虑划入 1.6 项物品的爆轰是否会引发相邻类似物品的爆炸。

试验装置与试验系列 6 试验 6（b）堆垛试验相同，一次试验封闭进行，另一次不封闭。应只对考虑划入 1.6 项的可爆轰的物品进行试验；考虑划入 1.6 项但非爆轰性的物品，可不进行试验系列 7 试验 7（k）堆垛试验。

如果堆垛中的爆轰从供体传播到一个受体，试验结果记为"＋"，亦即物品不能划入 1.6 项。如按照《试验和标准手册》附录 8，受体物品的反应被确定为无反应、燃烧或爆燃时，结果即为负，记为"－"。

32. 系列 8 试验 8 (a)：硝酸铵乳胶、悬浮剂或凝胶 (ANE) 的热稳定性试验

本试验用于确定考虑划为"硝酸铵乳胶、悬浮剂或凝胶（炸药中间体）"的试验对象在运输过程中可能遇到的温度条件下是否具有热稳定性。

试验设备包括恒温调节的测试室、带封口的隔热试验容器以及温度传感器和记录设备。

　　将测试室的温度定在运输或者装载过程中可能出现的最高温度之上 20℃。将试样装入试验容器中，应装至其高度的大约 80％。将温度传感器插至试样的中心。封闭盖好的试验容器，再将试验容器放入测试室，连接温度记录装置，关闭试验室。

　　连续监测试样和测试室的温度。记录试样温度达到低于测试室温度 2℃ 的时间。此后试验再继续进行 7d，或直到试样温度上升到高于测试室温度 6℃ 或以上，如这种情况出现得更早。记录下试样从低于测试室温度 2℃ 上升到其最高温度的时间。

　　如果在任何试验中，试样温度均未超过测试室温度 6℃ 或以上，则可认为"硝酸铵乳胶、悬浮剂或凝胶（炸药中间物质）"具有热稳定性，可进一步做其他试验。

33. 系列 8 试验 8 (b)：硝酸铵乳胶、悬浮剂或凝胶 (ANE) 隔板试验

　　本试验用于测定"硝酸铵乳胶、悬浮剂或凝胶（炸药中间物质）"对规定水平的冲击，如给定的传爆装药和隔板的敏感度。

　　本试验的配置由一个爆炸装药（传爆装药）、一个屏障（隔板）、一个装载试验炸药的容器（受体装药）和一块钢验证板（靶子）组成。雷管、供体装药、隔板和受体装药同轴排列在验证板的中央上方。应当注意确保雷管和供体之间、供体和隔板之间、隔板和受体装药之间接触良好。试样和传爆器在试验时应在环境温度下。

　　包括验证版在内的整个装置架离地面，地面和验证板底面之间至少有 10cm 的空隙，验证板只沿两边用木块或作用相同的材料支撑。试验进行三次，除非提前观察到正结果。

　　验证板击穿一个光洁的洞，表示在试样中引发了爆炸且爆炸已传播。在任何试验中，在间距 70mm 引爆并在验证板上击出孔洞的物质，均不列为"硝酸铵乳胶、悬浮剂或凝胶（炸药中间物质）"，结果记为"＋"。

34. 系列 8 试验 8 (c)：硝酸铵乳胶、悬浮剂或凝胶 (ANE) 克南试验

　　本试验用于确定"硝酸铵乳胶、悬浮剂或凝胶（炸药中间物质）"在高度封闭条件下对强热效应的敏感度。

　　设备包括一个不能再次使用的钢管及可再次使用的封闭装置，安装在一个加热和保护的装置内。

　　将物质装至钢管的 60mm 高处，应特别小心防止形成空隙。在涂上一些以二硫化钼为基料的润滑油后，将螺纹套筒从下端套到钢管上，插入适当的孔板并用手将螺帽拧紧。必须查明没有物质留在凸缘和孔板之间或留在螺纹内。

把钢管夹在固定的台钳上，用扳手把螺帽拧紧。然后将钢管悬挂在保护箱内的两根棒之间。人员全部离开试验区，打开燃气管，并点燃燃烧器。如果钢管没有破裂，应继续加热至少5min方可结束试验。在每次试验之后，如果有钢管破片，应当收集起来称重，以确保所有的碎片全部收回。

鉴于硝酸铵乳胶、悬浮剂或凝胶的性质，以及内含不同比例的固体，试验中会发生板孔被堵塞的情况，从而可能导致假"＋"结果，如有此种情况应重复两次试验。

第二节　易燃气体

一、现有测试方法和标准

易燃气体测试试验主要包括爆炸极限测试、化学不稳定性测试以及自燃点测试。化学不稳定性测试用于判定气体是否属于化学性质不稳定的气体及具体类别，对于气体是否具有自燃性则需要测试气体或者气体混合物的自燃点。

1. 气体爆炸极限

目前，国内测试气体爆炸极限的标准主要有《空气中可燃气体爆炸极限测定方法》（GB/T 12474—2008）[3]、《化合物（蒸气和气体）易燃性浓度限值的标准试验方法》（GB/T 21844—2008）[4] 以及《化学品危险性分类试验方法 气体和气体混合物燃烧潜力和氧化能力》（GB/T 27862—2011/ISO 10156：2010）[5]。国外涉及气体爆炸极限测试的标准主要有《气体和气体混合物燃烧潜力和氧化能力的测定》（ISO 10156—2017）[6]、《化学品（蒸气和气体）易燃性浓度限值的标准试验方法》（ASTM E681—2015）[7]、《测定可燃气体和蒸气的爆炸极限和极限氧浓度（LOC）》（BSEN 1839—2017）[8]。其中 GB/T 27862—2011 与 ISO 10156：2010 技术内容完全一致，GB/T 12474—2008 与 ISO 10156—1996 可燃气体爆炸极限测试部分一致，GB/T 21844—2008 与 ASTM E681—2004 技术内容完全一致。以上爆炸极限测试标准的对比及主要差异如表 3-2 所示。

表 3-2　可燃气体爆炸极限测定标准的对比

标准号	GB/T 12474—2008	GB/T 21844—2008	EN 1839—2017
采用标准	ISO 10156—2010	ASTM E 681—2004	—
测定的温度范围	常温～50℃	常温～约 200℃	常温～约 200℃

续表

标准号	GB/T 12474—2008	GB/T 21844—2008	EN 1839—2017
适用样品	可燃气体、易挥发可燃液体的蒸气	可燃气体、易挥发可燃液体的蒸气	可燃气体、易挥发可燃液体的蒸气
反应容器	长约 140cm、内径约 6cm 的玻璃管	5L 的玻璃瓶,12L 的玻璃瓶(适用于难着火物质)	管状容器的内径为 80mm 左右,长度≥300mm;球形容器的体积≥0.005m^3,其长径比应为 1~1.5,耐压不小于 1.5×10^4 Pa
点火源	直径 1.5mm 的钨电极,间隙 3~4mm,电压为 10kV(有效值),火花持续时间宜为 0.5s	1mm 粗的两根钨线,间距 6.4mm;电压 15kV,电流 30mA;持续时间 0.2~0.4s	管状容器中的点火源宜为不锈钢材质,直径不超过 4mm,电压 13~16kV,电流 20~30mA,电火花持续时间 0.2s,能量约 10W。球形容器中有两种点火源:一种是类似于管状容器中的电火花,另一种是镍铬合金丝,直径 0.05~0.20mm
样品与空气混合物的搅拌方法	无油搅拌泵	鸡蛋形、塑料外壳的磁性棒,长 63.5mm;磁力搅拌器在玻璃瓶底部搅拌	未具体说明搅拌方法

气体混合物的易燃性可按《化学品危险性分类试验方法　气体和气体混合物燃烧潜力和氧化能力》(GB/T 27862—2011/ISO 10156：2010)[4] 通过试验或计算来确定。其中计算方法只能计算混合气体是否属于易燃气体,不能计算易燃气体危险性类别,如果需要区分具体类别,应测试爆炸上、下限。

2. 气体化学不稳定性

如果通过以上计算或者测试方法确定气体混合物是易燃的,则可能需要按《试验和标准手册》[1] 第三部分第 35 节通过试验或计算来确定化学不稳定性;如果按 GB/T 27862 (ISO 10156) 的计算结果显示气体混合物不是易燃的,为分类目的测定化学不稳定性的试验不必进行。目前国内关于气体化学不稳定性的测试标准尚在制定中。

3. 气体自燃点

目前,国内关于气体自燃点测试的国家标准有《石油产品自燃温度测定法》(GB/T 21791—2008)[9] 和《可燃液体和气体引燃温度试验方法》(GB/T 5332—2007)[10]。国外涉及气体自燃点的主要测试标准有《易爆环境　第 20-1 部分:气体和蒸气分类用材料特性　试验方法和试验数据》(IEC 60079-20-1 Edition 1.0：2010)[11]、《矿物油碳氢化合物检测　点火温度测定》(DIN 51794—2003) 和《化学品自燃温度标准试验方法》(ASTM E 659—2015)。GB/T 21791—2008 与 DIN 51794—2003 技术内容一致,GB/T 5332—2007 与 IEC 60079.4：1975 技术内容一致。

以上自燃点测试标准的主要差异对比如表 3-3 所示。

表 3-3　气体自燃点测试标准的对比

标准号	GB/T 5332/IEC 60079.4	GB/T 21791—2008	ASTM E659—2015
反应容器	锥形烧瓶,200L	锥形烧瓶,200L	玻璃烧瓶,500mL
所需样品量	20mL	50mL	100mg
气体样品进样器	200mL 注射器	200mL 注射器	注射器
热电偶规格、数量及位置	3 支直径不超过 0.8mm 的 K 型热电偶,1 支在锥形烧瓶底部,2 支在锥形烧瓶侧面	3 支直径 0.5mm 的铁康铜热电偶,1 支在锥形烧瓶底部,2 支在锥形烧瓶侧面	4 支镍铬热电偶(36B,S Gage 型),1 支在玻璃烧瓶的中心,3 支分别在烧瓶的底部、上部和中部

二、测试方法概述

1. 易燃气体混合物易燃性计算

气体混合物易燃性按 GB 30000.3 中以下公式进行计算:

$$R = \sum_{i}^{n} \frac{V_i}{T_{ci}} \tag{3-2}$$

式中　V_i——易燃气体体积分数,以％表示;

　　　T_{ci}——易燃气体在氮气中的混合气体与空气混合,不可燃的最大浓度;

　　　i——混合气体中的第 i 种气体;

　　　n——混合气体中的第 n 种气体。

当气体混合物中含有氮气之外的惰性稀释气体时,应使用该惰性气体的相应系数 (K_i),将惰性稀释气体体积调整为相当于氮气当量体积。

如果式 (3-2) 的计算结果为 $R>1$,则判定混合气体为易燃,否则为不易燃。该方法不适于判定气体混合物的可燃性限值和可燃范围,只能计算混合气体是否属于易燃气体,但不能计算具体易燃气体类别。

2. 气体爆炸极限测试

以 GB/T 12474 为例,爆炸极限测试的试验原理为:将可燃气体与空气按照一定比例混合,然后用电火花进行引燃,改变可燃气体浓度直至测得能发生爆炸的最低、最高浓度。该标准中使用的试验装置由反应管、点火装置、搅拌装置、真空泵、压力计、电磁阀等组成。装置安放在可升温至 50℃ 的恒温箱内。恒温箱前后各有双层门,一层为钢化玻璃,一层为有机玻璃,用以观察试验并起保护作用。可燃气体和空气的混合气用电火花引燃，电火花能量应大于混合气的最小点火能。可采用分压法配置混合气，配好气后利用无油搅拌泵搅拌 5~10min。试验中出现以下现象，则认为发生了爆炸：a. 火焰非常迅速地传播至管顶；b. 火焰以一定的速度缓慢传播；c. 在放电电极周围出现火焰，然后熄灭（这表明爆炸极限在这个浓度附近），这种情况下，至少重复试验 5 次，有一次出现火焰传播，即认为发生了爆炸。

3. 气体化学不稳定性测试

气体混合物所含的各种成分之间可能发生危险反应，如易燃气体或氧化性气体，此种气体混合物在本试验方法的意义上，不认为是化学不稳定的。气体化学不稳定性测试应按照《试验和标准手册》第三部分第 35 节气体化学不稳定性测试方法进行测试。

（1）筛选程序 首先进行筛选是否需要进行化学不稳定性试验。

① 如果按 GB/T 27862（ISO 10156）的计算结果显示气体混合物是不易燃的，则无需为分类目的进行化学不稳定性试验。

② 表明气体化学不稳定性的官能团有叁键、相邻双键或共轭双键、卤化双键和张力环等。应请专家作出判断，决定易燃气体或气体混合物是否可按化学不稳定性分类，避免该气体或气体混合物毫无疑问属于稳定的情况下仍进行不必要的试验。

③ 通过浓度限值判定是否需要进行试验。

a. 通用浓度限值。只含有一种化学不稳定气体的气体混合物，如果化学不稳定气体的浓度低于其爆炸下限或者 3%（摩尔分数）中的较高值，便不视为化学不稳定，因此也无需为分类目的进行试验。

b. 具体浓度限值。查询《试验和标准手册》中有关化学不稳定的气体，以及在不分类为化学不稳定的混合物中气体的浓度限值资料，即具体浓度限值资料，如果混合气体中只含有一种化学不稳定气体，该气体具有具体浓度限值，且该气体浓度低于具体浓度限值，则混合气体不视为化学性质不稳定，因此也无需为分类目的进行试验。

（2）气体化学不稳定性试验 气体的分解倾向受温度和压力的影响，对于气体混合物，化学性质不稳定成分的浓度也影响混合气体的不稳定性。对发生分解反应的可能性进行评估，应在与装卸、使用和运输条件相当的情况下进行，因此需要进行两类试验：环境温度和大气压力下，65℃ 和相应初始压力下。

《试验和标准手册》第三部分第 35 节气体化学不稳定性测试方法，通过点火试验，用于确定在封闭容器内，气体和气体混合物在环境温度和在高温、高压下的化学不稳定性。本试验方法不包含化工厂工艺条件下气体的分解以及气体混合物中不同气体之间可能发生的危险反应。

试验设备包括一个不锈钢的（可加热）耐压试验容器、点火源、点火容器内压力的测量和记录系统、供气设备、带爆破片和附加接管的排气系统。

试验在环境温度和大气压力下进行，点火器应安放在试验容器的中央。将试验容器和接管排空。试验气体通过遥控阀门注入试验容器，直至达到环境压力（初始大气压力）。关闭阀门，启动点火器。点火能量应约为15J，以避免在这个较低的压力下试验容器内起爆过度。测量反应的标准是在点火后压力上升超过20%。如果没有发生这种压力上升，还应再重复做两次试验。如果在任何一次试验中，试验气体显示压力上升超过20%，则气体划分为"在20℃和101.3kPa标准压力下，化学性质不稳定"，无需再做进一步试验。

如果在环境温度和大气压力下进行试验，试验中压力升高不超过20%，则还要在温度65℃和相应初始压力下做进一步的试验。试验程序与环境温度和大气压力下进行试验的程序相同。但对于在高压下可能属于不稳定的气体必须格外小心。点火能量应约为15J。如果压力升高不超过20%，还应再重复做两次试验。如果在任何一次试验中，试验气体显示压力上升超过20%，则气体划分为"在温度高于20℃和101.3kPa条件下，化学性质不稳定"。

第三节　气　溶　胶

一、现有测试方法和标准

气溶胶，又称气雾剂、喷雾剂，《化学品分类和标签规范　第4部分：气溶胶》（GB 30000.4—2013）[14]中使用"气溶胶"的说法，我国发布的测试标准中多使用"喷雾剂"，《危险化学品目录（2015版）》[15]中指出"气溶胶，又称气雾剂"。气溶胶，按照喷出物的状态分为喷雾气溶胶和泡沫气溶胶，这两类气溶胶的危险性测试试验不同。

对于气溶胶的危险性测试试验，《试验和标准手册》[1]第31节中规定了具体测试方法，其中喷雾气溶胶的危险性试验包括点火距离试验、封闭空间点火试验，泡沫气溶胶的危险性试验为泡沫易燃性试验。我国根据《试验和标准手册》发布了《危险品　喷雾剂封闭空间点燃试验方法》（GB/T 21631—

2008)[16]、《危险品　喷雾剂泡沫可燃性试验方法》（GB/T 21632—2008）[17]和《危险品　喷雾剂点燃距离试验方法》（GB/T 21630—2008）[18]，并发布了喷雾剂燃烧热测试标准《危险品　喷雾剂燃烧热试验方法》（GB/T 21614—2008）[19]，该标准中推荐将《弹式量热器测定液烃燃料燃烧热的标准试验方法》（ASTM D240）[20] 的方法用于气溶胶燃烧热的测试。

国外气溶胶相关的测试标准有《气溶胶制品可燃性的标准试验方法》（ASTM D3065—2013）[21]，该标准包括气溶胶点火距离试验和封闭空间点火试验，适用于喷雾气溶胶燃烧性测试，标准中未包含泡沫气溶胶燃烧性测试。

二、测试方法概述

1. 喷雾气溶胶点火距离试验

《试验和标准手册》第 31 节喷雾气溶胶点火距离试验说明了确定喷雾气溶胶点火距离的方法。将气溶胶向点火源方向喷洒，间距 15cm，观察是否发生喷雾点火或持续燃烧。点火和持续燃烧的定义是：稳定的火焰至少保持 5s。点火源应为气体燃烧器，火焰高度 4~5cm、蓝色不发光。

本试验适用于喷洒距离在 15cm 或以上的气溶胶产品。喷洒距离小于 15cm 的气溶胶产品，如喷涂泡沫、凝胶或糊状物的装置，或装有计量阀的装置，不适合本试验。

如果气溶胶发生点火的距离为 75cm 或以上，则该气溶胶划为极易燃；如气溶胶发生点火的距离等于或大于 15cm 但小于 75cm，且它的化学燃烧热小于 20 kJ/g，则该气溶胶划为易燃；如气溶胶的化学燃烧热小于 20 kJ/g，在点火距离试验中未发生点火，应进行封闭空间点火试验。

2. 喷雾气溶胶封闭空间点火试验

《试验和标准手册》第 31 节封闭空间点火试验说明了对气溶胶喷出的产品，由于其点火倾向，评估在封闭或受限制的空间内产品易燃性的方法。将气溶胶的内装物喷洒到放有一支点燃蜡烛的圆柱形试验器皿内，如发生可观察到的点火，记录下所用的时间和排放量，并计算时间当量和爆燃密度。

在 1m^3 内实现点火所需的时间当量（t_{eq}），可用以下公式计算：

$$t_{eq} = \frac{1000 \times 排放时间(\text{s})}{圆桶实际容量(\text{L})} \tag{3-3}$$

试验中实现点火所需的爆燃密度（D_{def}），可用以下公式计算：

$$D_{def} = \frac{1000 \times \text{喷洒的产品质量(g)}}{\text{圆桶实际容量(L)}} \qquad (3\text{-}4)$$

化学燃烧热低于 20kJ/g 的气溶胶，在点火距离试验中未发生点火，如时间当量≤300s/m³，或爆燃密度≤300g/m³，则该气溶胶列为易燃。否则该气溶胶列为不易燃。

3. 泡沫气溶胶的易燃性试验

《试验和标准手册》第 31 节泡沫气溶胶的易燃性试验用于确定以泡沫、凝胶或糊状物喷出的气溶胶的易燃性。喷出泡沫、凝胶或糊状物的气溶胶，将其喷洒到表面玻璃上（大约 5g），并将一个点火源（蜡烛、火柴或打火机）放在表面玻璃的基座上，观察泡沫、凝胶或糊状物是否发生点火和持续燃烧。点火的定义是：火焰稳定，至少保持 2s，高度至少 4cm。如果火焰高度达到 20cm 或以上；火焰持续时间在 2s 或以上；或如果火焰持续时间达 7s 或以上，火焰高度达 4cm 或以上，则该气溶胶产品应划分为极易燃。

4. 燃烧热计算与测试

气溶胶的燃烧热可以通过查阅文献或者试验的方法获得[21]。

（1）燃烧热计算　以千焦每克（kJ/g）表示的化学燃烧热是各个成分燃烧热的加权燃烧热之和，如下所示：

$$\Delta H_c(\text{产品}) = \sum_i^n \left[w_i \times \Delta H_{c(i)} \right] \qquad (3\text{-}5)$$

式中　ΔH_c——化学燃烧热，kJ/g；

$\quad\quad w_i$——产品中 i 成分的质量分数，%；

$\quad\Delta H_{c(i)}$——产品中 i 成分的燃烧热，kJ/g。

（2）燃烧热测试　气溶胶的燃烧热应当包括启动气体的燃烧热，启动气体在取样或者装样过程会逸散，因此测试过程中应当使用合适的方法以防止启动气体逸出。

国家标准《危险品　喷雾剂燃烧热试验方法》（GB/T 21614—2008）推荐将 ASTM D240 的方法用于喷雾气溶胶燃烧热的测量。该方法中使用传统量热仪器氧弹式量热仪，氧弹式量热仪通常只用于固体和难挥发液体的燃烧热的测量，不能直接用于易挥发液体、喷雾气溶胶的燃烧热的测量。

有研究机构对以上测试方法进行了改进，以适用于气溶胶等含有挥发性组分的样品的测试。目前，主要有两种方法：一种是采用辅助容器；另一种是在传统的氧弹量热仪上设置进样阀[22]。

辅助容器法主要有胶囊法和玻璃容器法，将气溶胶组分喷入胶囊或者玻璃容器中并封口后进行测试。玻璃容器法由于容器容易被高压氧压碎、封口难、容器配备难度大等问题而在测试中较少使用。胶囊法的缺点是将气溶胶在喷入胶囊内的过程中存在逸散、胶囊喷射效应、气溶胶溶解胶囊效应的问题，且污染环境，对操作人员有健康危害，试验准确度难以保障。

传统氧弹量热仪改进是在普通氧弹的内盖上设置两个单向进样阀，一个作为氧气进气阀，另一个作为喷雾气溶胶进样阀。在弹筒内部，设置导流管、引流杆等。气溶胶进样阀在有气雾剂充入时，阀塞打开，气溶胶的喷雾混合物沿着阀塞开口进入氧弹之中。其中，液体会沿着导流管、引流杆流入坩埚中，气体会在氧弹中弥漫，导致氧弹内气压增大。当停止充注后，气溶胶进样阀塞会在弹簧和内部压力的作用下关闭，防止气雾剂气体外泄。同理，氧气进气阀会在外加氧气气压作用下打开，然后氧气进入。相对于胶囊法和玻璃容器法，该方法具有方便快捷、对试验人员毒害小的优点。

第四节　氧化性气体

一、现有测试方法和标准

目前，国内关于气体及气体混合物氧化性的测试和计算的标准有《化学品危险性分类试验方法 气体和气体混合物燃烧潜力和氧化能力》（GB/T 27862—2011），该标准与《气体和气体混合物—确定气瓶阀出口物的燃烧潜力和氧化能力》（ISO 10156：2010）技术内容完全一致。氧化性气体种类较少，但氧化性气体混合物种类繁多，目前国内外文献资料中对于混合气体的氧化性数据非常少，通过试验方法确定混合气体的氧化性周期长，费用昂贵，因此，多数情况下采用 GB/T 27862（ISO 10156）中的计算方法确定一种混合气体是否属于氧化性气体。

二、计算方法

根据 GB/T 27862（ISO 10156）所述的分类方法，若一种气体混合物的氧化能力大于 23.5%，即认为该气体的氧化能力大于空气。

氧化能力（OP）由以下公式计算：

$$OP = \frac{\displaystyle\sum_{i=1}^{n} x_i C_i}{\displaystyle\sum_{i=1}^{n} x_i + \displaystyle\sum_{k=1}^{p} K_k B_k} \times 100\%$$ (3-6)

式中 x_i——混合气体中第 i 种氧化性气体的摩尔分数；

C_i——混合气体中第 i 种氧化性气体的氧气当量系数；

K_k——惰性气体 k 与氮气相对的当量系数；

B_k——混合气体中惰性气体 k 的摩尔分数；

n——混合气体中氧化性气体总数；

p——混合气体中惰性气体总数。

示例：

$$9\%O_2 + 16\%N_2O + 75\%He$$

计算步骤：

① 步骤一：对不易燃气体和无氧化性气体，确定混合气体中氧化性气体的氧气当量系数（C_i）和混合气体中惰性气体的与氮气相对的当量系数（K_k）。

$C_i(N_2O) = 0.6$（一氧化二氮）

$C_i(O_2) = 1$（氧气）

$K_k(He) = 0.9$（氦气）

② 步骤二：计算混合气体的氧化能力。

$$OP = \frac{\displaystyle\sum_{i=1}^{n} x_i C_i}{\displaystyle\sum_{i=1}^{n} x_i + \displaystyle\sum_{k=1}^{p} K_k B_k} \times 100\% = \frac{0.09 \times 1 + 0.16 \times 0.6}{0.09 + 0.16 + 0.75 \times 0.9} \times 100\%$$
$$= 20.1\% < 23.5\%$$

因此认为该混合气体不是氧化性气体。

含有易燃性和氧化性两种成分的混合气体应使用专用的计算方法，ISO 10156 中对此有描述。

第五节   加压气体

加压气体包括压缩气体、液化气体、冷冻液化气体和溶解气体。其中压缩气体和液化气体的分类需要通过临界温度确定。

纯气体的临界温度是确定的，可以检索技术文献得到，例如《可运输储气瓶填充气体到容器内的条件 单组分气体》（DIN EN 13096）[24]。

对于混合气体，分类是以"伪临界温度（pseudo-critical tempertaure）"作为成分临界摩尔加权平均值基础的。混合气体的伪临界温度可以通过以下公式计算：

$$伪临界温度 = \sum_{i}^{n} x_i T_{crit,i} \qquad (3-7)$$

式中 x_i——摩尔分数；

$T_{crit,i}$——开氏温度的临界温度。

示例：$9\%O_2 + 16\%N_2O + 75\%N_2$

计算步骤：

第一步：确定混合气体中各组分的临界温度。

氧气（O_2）：$T_{crit} = -118.4℃ = 154.75K$

一氧化二氮（N_2O）：$T_{crit} = +36.4℃ = 309.55K$

氮气（N_2）：$T_{crit} = -147℃ = 126.15K$

第二步：计算伪临界温度。

$0.09 \times 154.75 + 0.16 \times 309.55 + 0.75 \times 126.15 = 158.07(K) = -115.08(℃)$

伪临界温度低于 $-50℃$，所以该混合气体为"压缩气体"。

第六节 易燃液体

一、现有测试方法和标准

液体易燃性测试试验主要包括闭杯闪点、初沸点，对于闪点高于 35℃、低于 60℃ 的液体，还应测试其持续燃烧性。

1. 闪点

闪点是在 101.3kPa 标准压力和特定试验条件下，一种液体表面上方释放出的可燃蒸气与空气完全混合后，可以被火焰或火花点燃的最低温度。闪点测试最初起源于英国，主要是使用 Abel 闪点仪。1873 年德国工程师 Berthold Pensky 改造了 Abel 系统，形成 Abel Pensky 闪点仪，后来又和 Adolf Martens 教授共同研制成功了 Pensky Martens 闪点仪。仪器一经问世，便获得工业界和科技界的广泛认可，成为测量闪点的主要标准仪器之一。与此同时，美国推出了 TAG 闭杯闪点仪和 Cleveland 开杯闪点仪。一百多年以来,闭杯闪点测试所遵循的标准主要有 Abel 方法(DIN 51755、IP 170)、TAG 方法(ASTM D56)和 Pensky-Martens 的测试方法(ASTM D93)。虽然方法细节各异,但都是采用模拟实际工况的闭杯。其技术过程是在容量为 50~70mL 的密闭容器中,以一定的升温速度进行加热,并按一定的时间间隔点火,直至达到闪点[25]。

为适合海军舰只检测发动机油的燃油污染,1992 年奥地利的 Grabner 博士开发了新的连续闭杯闪点(CCCFP 法)测试方法,采用 MINIFLASH 闪点仪。该方法只需 1mL 样品量,采用电弧点火,避免了大样品量和明火较高的火灾危险性,已在很多领域得到了广泛应用。1999 年,ASTM 将 CCCFP 法列为 ASTM 的正式测试标准(ASTM D6450),2004 年将改进连续闭杯闪点测试法(MCCCFP 法)列为 ASTM 的正式测试标准(ASTM D7094),其测试范围为 35~225℃[25]。

目前,国内闪点测试标准主要有《闪点的测定 宾斯基-马丁闭口杯法》(GB/T 261—2008)、《闪燃和非闪燃测定 闭杯平衡法》(GB/T 21792—2008)等国家标准。国际和国外闪点测试方法主要有《闪燃和非闪燃测定 闭杯平衡法》(ISO 1516)、《闪点的测定 闭杯平衡法》(ISO 1523)、《闪点的测定 宾斯基-马丁闭杯法》(ISO 2719)、《用小型闭杯试验仪测定闪点的标准试验方法》(ASTM D3828)以及《用泰格闭杯试验仪测定闪点的标准试验方法》(ASTM D56)等。国内常用闪点测试标准与国外标准的对应情况见表 3-4。

表 3-4 我国闭杯闪点测试标准与国外标准对应情况

国家标准号	标准名称	国际或国外标准号
GB/T 261—2008	闪点的测定 宾斯基-马丁闭口杯法	ISO 2719
GB/T 21792—2008	闪燃和非闪燃的测定 闭杯平衡法	ISO 1516
GB/T 21789—2008	石油产品和其它液体闪点的测定 阿贝尔闭口杯法	ISO 13736
GB/T 5208—2008	闪点的测定 快速平衡闭杯法	ISO 3679
GB/T 21790—2008	闪燃和非闪燃的测定 快速平衡闭杯法	ISO 3680
GB/T 21775—2008	闪点的测定 闭杯平衡法	ISO 1523
GB/T 3536—2008	石油产品 闪点和燃点的测定 克利夫兰开口杯法	ISO 2592
GB/T 21929—2008	用泰格闭杯试验仪测定闪点的标准试验方法	ASTM D56
GB 19521.2—2004	易燃液体危险货物特性检验安全规范	ASTM D93 ASTM D6450
GB/T 21615—2008	危险品 易燃液体闭杯闪点试验方法	ASTM D93

2. 初沸点

基于不同的检测原理,共有七种测定沸点(沸程)的方法。其中五种为基于对温度的测量，分别为沸点测定器法、动力学方法、蒸馏法测沸点、Siwoloboff 法、光电管测定法；其他两种是基于热分析，分别为差热分析法和差示扫描量热法[2]。

目前，沸点测定器法的标准主要有《发动机防冻剂沸点的标准试验方法》（ASTM D1120）。

蒸馏法测沸点的标准主要有：《蒸馏特性测定的试验方法》（ISO/R 918）、《石油产品蒸馏特性测定方法》（BS 4349/68）、《蒸馏特性测定方法》（BS 4591/71）等。

差示扫描量热法的标准主要有：《化学物质的热稳定性测定 差示扫描量热法》（ASTM E537）等。

国内主要的初沸点测试方法主要有：《化学试剂 沸程测定通用方法》（GB/T 615—2006）和《化学试剂沸点测定通用方法》（GB/T 616—2006）等。

3. 持续燃烧性测试

国内对于液体持续燃烧性测试的国家标准为《危险品 易燃液体持续燃烧试验方法》（GB/T 21622—2008），该标准与《试验和标准手册》[1] 第 32 节中持续燃烧试验测试方法技术内容一致。

二、测试方法概述

1. 闪点

（1）筛选程序　筛选方法仅适用于含有规定浓度的已知易燃液体的可能易燃混合物，虽然该混合物可能含有非挥发性成分例如聚合物、添加剂等。

如果已知混合物的精确组成、每一种成分的爆炸下限、每种成分的饱和蒸气压力和活性系数的温度相关性，且液相呈均匀态，则可以通过计算的方法获得混合物的闪点。计算方法获得的闪点至少比有关的分类标准高 5℃，因此这些混合物的闪点不必通过试验确定。

戈梅林（Gmehling）和拉斯姆森（Rasmussen）描述了一种适当的方法[27]。对于含有非挥发性成分例如聚合物或添加剂的混合物，闪点是根据挥发性成分计算的。据认为非挥发性成分只是稍微降低了溶解剂的分压，计算的闪点只是稍微低于测定值。

（2）闪点测试方法的应用　闪点测试方法的选择应考虑到液体的黏度、卤代化合物、与测试设备中测试杯的相容性以及标准的适用范围等。

基于分类的目的，建议至少重复进行两次试验。当通过非平衡方法所测定的闪点在（23±2）℃或者（35±2）℃时，应使用相同的仪器运用平衡方法确认。

对于易分解的物质，建议使用样品用量少的测试方法如 ISO 3679，以降低测试过程中的风险。对于非卤代化合物的纯物质，闪点通常在沸点以下 80～130℃，试验样品中如果含有比主成分沸点低的杂质时，即使其浓度低于 0.5%，也可能对物质的闪点有影响，对于高沸点杂质则对物质的闪点影响较小。对于卤代化合物，沸点和闪点之间的差异可能低于非卤代化合物，建议采用人工观察法进行试验。要测定包含溶剂的黏性液体（漆、胶和类似物）的闪点，可以使用适合测量黏性液体闪点的仪器和测试方法，见 ISO 3679、ISO 3680、ISO 1523 等[2]。国外现行主要闭杯闪点测试标准对比见表 3-5。

表 3-5　国外主要闭杯闪点测试标准对比

标准	ISO 2719	DIN 51755	ASTM D56	ASTM D6450
测试方法	Pensky-Martens 闭杯	Abel 闭杯	Tag 闭杯	Grabner 连续闭杯
适用范围/℃	40～360	<71	<93	10～250
样品量/mL	70	70	50	1
点火方式	火焰或电子	火焰或电子	火焰或电子	电弧
升温速率/（℃/min）	5～6	—	闪点<60℃时,3 闪点≥60℃时,1	5.5±0.5
点火频率	闪点<110℃时,1 闪点≥110℃时,2	—	闪点<60℃时,0.5 闪点≥60℃时,1	1

（3）化学品分类推荐使用的闪点测试标准和方法　联合国 GHS 规定了闪点测试使用的标准和方法，包括国际标准化组织、美国、法国、德国以及部长会议标准化委员会发布的闪点测试标准，见表 3-6。我国依据 GHS 发布的国家标准《化学品分类和标签规范 第 7 部分：易燃液体》（GB 30000.7—2013）在 GHS 规定标准的基础上，根据我国标准体系的现状，推荐了一系列国标，如 GB/T 261、GB/T 21792 等，这些标准皆转化自国际或国外相关闪点测试标准。

表 3-6　GHS 化学品分类推荐使用的闪点测试方法

序号	发布国家或组织	推荐标准
1	中国	GB/T 261、GB/T 21792、GB/T 21789、GB/T 5208、GB/T 21790
2	国际标准化组织	ISO 1516、ISO 1523、ISO 2719、ISO 13736、ISO 3679、ISO 3680
3	美国材料试验协会	ASTM D3828、ASTM D56、ASTM D3278、ASTM D93、ASTM D 6450、ASTM D7094
4	法国标准化协会	NF M 07-019、NF M 07-011、NF T 30-050/NF T 66-009、NF M 07-036
5	德国标准化协会	DIN 51755（闪点低于 65℃）
6	部长会议标准化委员会	GOST 12.1.044—84

2. 初沸点

（1）部分初沸点测试方法概要[2]

① Siwoloboff法。将底端向上熔化约1cm的毛细管（沸腾毛细管）放在样品管里。加入试样的高度要使毛细管的被熔化端位于液面以下。装有毛细管的样品管被固定在有橡胶带的温度计上或安装在一侧的支架上。

根据沸点选择浴液，温度达到300℃时可使用硅树脂油，液体石蜡仅可用于温度100℃的试验。首先调整浴液的升温速度为3℃/min，并采用搅拌器搅拌浴液。在低于预期的沸点10℃左右时，缓慢加热使温度上升速率小于1℃/min。接近沸点时，小泡迅速地出现在毛细管里。当瞬间冷却时小泡串停止，流体突然开始在毛细管中上升的温度记为沸点。

② 光电管检测。将样品放在加热金属块里的毛细管中加热，光束经过金属块的小孔穿过物质到达经精确校准的光电管上，检测光的强度变化，通过光强的变化判断是否达到沸点温度。当样品温度增加时，单个气泡出现在毛细管中。当达到沸点时，小泡的数量急剧增加，从而引起光强的变化，光电管记录光强的变化，并通过指示器读出金属块中铂金电阻温度计的温度。这种方法可应用在-20℃至室温的测试条件下，将装置放入冷浴中即可。

（2）联合国GHS推荐使用的初沸点测试标准和方法 联合国GHS规定了初沸点测试使用的标准和方法，包括国际标准化组织、美国以及欧盟发布的初沸点测试标准，如国际标准：ISO3924、ISO4626、ISO3405；美国材料试验学会标准：ASTM D86、ASTM D1078；其他测试方法：欧盟委员会指令EC440/2008附录A测试方法A.2[23]。

3. 持续燃烧性测试

持续燃烧性试验用于确定物质在试验条件下加热并暴露于火焰时是否持续燃烧。将试样槽的金属块加热到规定的温度。将规定数量的试样放到试样槽中，将标准火焰在规定条件下施加后移去，观察试样是否能够持续燃烧。

该试验测试60.5℃和75℃两个试验温度下的持续燃烧性，任何一个温度下发生持续燃烧，则待测试样品视为能够持续燃烧。

第七节　易燃固体

一、现有测试方法和标准

易燃固体的试验包括非金属固体燃烧性测试试验和金属燃烧性测试试验。

《试验和标准手册》[1] 和欧盟于 2008 年发布的 EC440/2008 法规附件 A 部分：理化特性测试方法中均包含固体易燃性测试方法，二者的技术要求基本相同。我国根据《试验和标准手册》发布了《易燃固体危险货物危险特性检验安全规范》（GB 19521.1—2004）和《危险品 易燃固体燃烧速率试验方法》（GB/T 21618—2008），用于测试固体化学品的燃烧性。

二、测试方法概述

通常，对于有机物质或者有机物质的混合物，都应考虑进行易燃固体测试试验。对于一些公认不易燃的物质，如稳定的盐或者金属氧化物，或者通过其他科学推理可以确定不存在易燃性危害的情况下，可以不进行试验。

按照《试验和标准手册》易于燃烧固体的试验方法，待测试物质可首先进行筛选试验，物质未点燃并以火焰或冒烟的形式传播燃烧时，不需要进行全部的燃烧速率试验；如果出现传播而且燃烧时间少于规定时间，那么应当进行全部燃烧速率试验。

试验使用一个长 250mm、剖面为内高 10mm 和宽 20mm 的三角形模具作为燃烧速率试验用的粉带。将商业形式的物质做成连续的带或粉带，长约 250mm、宽 20mm、高 10mm，置于冷的、不渗透、低导热的底板上。用煤气喷嘴（最小直径为 5mm）喷出的高温火焰（最低温度为 1000℃）烧粉带的一端，直到粉末点燃，或喷烧最长时间为 2min（金属或合金粉末为 5min）。对于金属粉以外的物质，如果 2min 内火焰传播的距离大于 200mm，应进行燃烧速率测试和润湿段阻止燃烧时间测试。

本试验方法适用于颗粒状、糊状或粉状物质，对于膏状物质可以按照此方法进行，但对于异形块状固体需要进行相应的处理。试验样品应当在其商业用试验形态下进行试验。对于不适合放入模具的大块状物质应适当进行粉碎，粉碎应以不改变其燃烧性为前提。

第八节　自反应物质和有机过氧化物

一、现有测试方法和标准

自反应物质和有机过氧化物的测试试验相同，目前主要依据《试验和标准手册》[1] 中第二部分试验系列 A～H 测试方法。目前，国内关于有机过氧化物的危险性测试标准有《有机过氧化物危险货物危险特性检验安全规范》（GB 19521.12—2004）。

这两个物理危险类别中均涉及一个危险性参数，即自加速分解温度。自加速分解温度是化学品装在容器内可能发生自加速分解的最低温度，是衡量环境温度、分解动态、包件大小、化学品及其容器传热性等综合效应的尺度，其与所使用的容器和包件紧密相关。对于单一的有机物或有机物的均匀混合物，如果 50kg 包装件的自加速分解温度（SADT）大于 75℃，则不需要进行自反应物质和混合物的相关分类试验。自加速分解温度是计算有机过氧化物和自反应物质的控制温度和危急温度的依据。《试验和标准手册》中提供了四种测试自加速分解温度的方法，即美国自加速分解温度试验、热积累储存试验、绝热储存试验和等温储存试验，并推荐前三种方法。我国根据《试验和标准手册》中的美国自加速分解温度试验方法，发布了《危险品 自加速分解温度试验方法》（GB/T 21613—2008），用于测试自反应物质和有机过氧化物的自加速分解温度，并根据 ASTM E537 发布了《化学物质的热稳定性测定 差示扫描量热法》（GB/T 22232—2008），用于测试化学品的热稳定性。

二、测试方法概述

1. 自反应物质的筛选程序

具有下列情况之一时，不必进行自反应物质和混合物的分类程序：

① 分子中没有与爆炸性或自反应性有关的原子团，表 3-7 列举出了这样的原子团，显示爆炸性的原子团参考爆炸物筛选程序中原子团举例。

表 3-7　有机物质中显示自反应特性的原子团举例

结构特征	例子
相互作用的原子团	氨基腈类；卤苯胺类；氧化酸的有机盐类
S=O	磺酰卤类；磺酰氰类；磺酰肼类
P—O	亚磷酸盐
绷紧的环	环氧化物；氮丙啶类
不饱和	链烯类；氰酸盐

② 对于单一的有机物或有机物的均匀混合物，SADT 大于 75℃，或者分解热小于 300J/g。起始温度和分解热可以用适当的量热方法来估计。

2. 有机过氧化物的筛选程序

依据有机过氧化物的定义，可直接根据其化学结构和配制品的有效氧和过氧化氢含量进行筛选。

有机过氧化物配制品的有效氧含量（％）用以下公式计算：

$$有效氧含量(\%)=16\sum(n_ic_i/M_i) \tag{3-8}$$

式中　n_i——有机过氧化物 i 中每个分子的过氧基数目；

　　　c_i——有机过氧化物 i 的浓度（质量分数，％）；

　　　M_i——有机过氧化物 i 的分子量。

测定液体的过氧化物含量，其程序如下：

① 质量为 P（大约 5g，质量精确到 0.01g）的液体放入艾伦美氏三角瓶中，待滴定。

② 加入 20mL 乙酸酐和 1g 粉末状固体碘化钾。摇动三角瓶，10min 后，加热 3min 至 60℃，放置冷却 5min 后，加入 25mL 水。再放置 0.5h，不加任何指示剂，用 0.1mol/L 硫代硫酸钠溶液滴定游离碘，当颜色完全消失时表明反应结束。

③ 用 n 表示所需硫代硫酸盐的毫升数，则按以下公式计算过氧化物样品的浓度 C（计算 H_2O_2）：

$$C=\frac{170n}{100P} \tag{3-9}$$

式中　C——过氧化物样品的浓度，mL/m^3；

　　　n——所需硫代硫酸盐的量，mL/m^3；

　　　P——质量，g。

3. 试验 A. 6：联合国引爆试验

本试验用于测量物质在钢管中的封闭条件下受到起爆药爆炸的影响后传播爆炸的能力。

设备和材料包括一根冷拉无缝碳钢管，钢管的外径为（60±1)mm，壁厚为（5±1)mm，长度为（500±5)mm。起爆装药为 200g 的旋风炸药/蜡（95/5）或季戊炸药/梯恩梯（50/50），直径（60±1)mm，长度约为 45mm，密度（1600±50)kg/m³。钢管可安装仪器，用于测量物质中的传播速度。

试验时将试样装至钢管的顶部。固体试样要装到敲拍钢管时观察不到试样下沉的程度。测定试样的质量，如果是固体，计算其视密度。密度应尽可能接近运输时的密度。钢管垂直地放置，起爆装药紧贴着封住钢管底部的薄片放置。雷管贴着起爆装药固定好后引发。试验应进行两次，除非观察到物质爆炸。

试验结果的评估是根据钢管的破裂形式和测量到的物质中的传播速度。

"是"：钢管全长破裂。

"部分"：钢管并未全长破裂，但平均钢管破裂长度（两次试验的平均）大于用相同物理状态的惰性物质做试验时的平均破裂长度的 1.5 倍。

"否"：钢管并未全长破裂，而且平均钢管破裂长度（两次试验的平均）不大于用相同物理状态的惰性物质做试验时的平均破裂长度的 1.5 倍。

4. 试验 B.1：包件中引爆试验

本试验用于测量物质在运输包件中传播爆炸的能力。它涉及包件中的物质经受起爆装药爆炸的冲击。

设备和材料包括雷管、导爆索、可塑炸药和适当的封闭材料。需要一块厚约 1mm、每个方向的尺寸至少比包件底部的尺寸大 0.2m 的软钢片，用于放在包件下作为验证板。

本试验适用于在其提交运输的状况和形式下的包装物质。试验时包件放在钢验证板上，板的边缘架在砖块或其他合适材料上，以便验证板下面有足够空间使其击穿不受阻碍。两个可塑炸药装药（每个最多 100g，但合计质量不大于包件中物质质量的 1%）放置在包件中物质的上面。对于液体，可能需要使用金属线支架，以确保两个爆炸装药适当地放置在顶部表面两个半圆形或三角形部分的中央。每一装药用雷管通过导爆索引发。两根导爆索应当一样长。也可用散沙将试验包件覆盖起来，每个方向的厚度至少 0.5m。其他封闭方法是使用装满泥土或沙子的箱子、袋子或圆桶放在包件的四周和顶部，厚度至少同上。试验重复做一次，除非观察到爆炸。如果从无仪器测量的两次试验不能够得出结论，那么可能需要做有仪器测量的第三次试验。

试验结果的评估根据是试验物质爆炸的情况。

"是"：试验现场出现一个坑或产品下面的验证板穿孔，并且大部分封闭材料分裂和四散；或包件下半部中的传播速度是等速，而且高于声音在物质中的速度。

"否"：试验现场没有出现坑，产品下面的验证板没有穿孔，速度测量（如果有）显示传播速度低于声音在物质中的速度。对于固体，在试验后可收回未反应物质。

5. 试验 C.1：时间/压力试验

本试验用于测量物质在封闭条件下传播爆燃的能力。

设备和材料包括时间/压力试验设备，一个长 89mm、外径 60mm 的圆柱形钢压力容器。容器有一直径 20mm 的内腔，将其任何一端的内面至 19mm 深处车上螺纹以便容纳 25.4mm 的英制标准管。压力容器离侧臂较远的一端用点火塞密封，点火塞上装有两个电极，一个与塞体绝缘，另一个与塞体接地。压力容器的另一端用 0.2mm 厚的铝防爆盘（爆裂压力约为 2200kPa）密封，并用内膛为 20mm 的夹持塞将防爆盘固定住。点火系统包括一个低压雷管中常用的电引信头以及一块 13mm 见方的点火细麻布。可以使用具有相同性质的引信头。

试验时将装上压力传感器但无铝防爆盘的设备以点火塞一端朝下架好。将 5.0g 的物质放进设备中并使之与点火系统接触。装上铅垫圈和铝防爆盘并将夹持塞拧紧。将装了试样的容器移到点火支撑架上，防爆盘朝上。点火塞外接头接上点火机，将装料点火。试验进行三次，记下表压从 690kPa 上升至 2070kPa 所需的时间。用最短的时间来进行分类。

试验结果是根据表压是否达到 2070kPa 和如果达到的话表压从 690kPa 升至 2070kPa 所需的时间来判断的。

"是，很快"：压力从 690kPa 上升至 2070kPa 的时间<30ms。

"是，很慢"：压力从 690kPa 上升至 2070kPa 的时间≥30ms。

"否"：压力没有上升至 2070kPa。

6. 试验 C.2：爆燃试验

本试验用于测量物质传播爆燃的能力。

试验设备和材料包括杜瓦容器，体积约为 $300cm^3$，内径（48 ± 1）mm，外径 60mm，长度 180～200mm；同时需要精确度为 0.1℃的玻璃温度计或热电偶。

试验时先进行安全试验（例如在火焰中加热）或小规模燃烧试验，表明可能发生迅速反应。应当先用硼硅玻璃管进行探测性试验，如果在任何一次探测性试验中爆燃速度超过 5mm/s，物质可立即归类为迅速爆燃物质，使用杜瓦容器的主要试验可以省去不做。使用杜瓦容器试验时，先将试样装入杜瓦容器，将杜瓦容器放进置于屏障后面的试验室或通风柜中，然后用气体燃烧器从顶端将物质加热。观察点燃情况，用计时器测量反应区通过两个刻度之间的距离所需的时间。

试验结果是根据反应区是否通过物质向下传播和如果是的话其传播速度来判断的。空气中的氧在试样表面参与反应的影响在反应区传播 30mm 的距离之后已微不足道。如果物质在试验条件下不爆燃，反应区将会消失。反应区的传播速度（爆燃速度）是衡量物质在大气压下对爆燃敏感度的尺度。

"是，很快"：爆燃速度>5.0mm/s。

"是，很慢"：0.35mm/s≤爆燃速度≤5.0mm/s。

"否"：爆燃速度<0.35mm/s，或反应在达到下刻度之前停止。

7. 试验 D.1：包件中的爆燃试验

本试验用于测量物质在运输包件中迅速传播爆燃的能力。

试验设备和材料包括一个刚好足以确保点燃物质的点火器（例如由用塑料薄膜包着最多 2g 缓慢燃烧的烟火剂构成的小型点火器）和适当的封闭材料。

试验适用于在其提交运输的状况和形式下的包装物质。包件放在地面上，点火器放在物质中央。对于液体，可能需要用金属线支架把点火器固定在合适的位置上。应防止点火器与液体接触。试验在封闭条件下进行。最好的封闭方法是用散沙将试验包件覆盖起来，每个方向的厚度至少 0.5m。也可用装满泥土或沙子的箱子、袋子或圆桶放在包件的四周和顶部，厚度至少同上。试验进行三次，除非观察到爆炸。如果点火后没有观察到爆燃，应至少等 30min 才可接近包件。建议在点火器旁边安插一根热电偶以监测其作用，并确定什么时候可以安全地接近包件。

试验结果的评估根据是试验物质迅速爆燃的情况。

"是"：内容器或外容器裂成三块以上（容器底部和顶部除外），表明试验物质在该包件中迅速爆燃。

"否"：内容器或外容器没有破裂或裂成三块以下（容器底部和顶部除外），表明试验物质在该包件中不迅速爆燃。

8. 试验 E.1：克南试验

克南试验用于确定物质在规定的封闭条件下对高热作用的敏感度。

试验设备和材料包括装试样用钢管，钢管的质量为 (25.5 ± 1.0)g，长度 75mm，直径 25mm；封口用孔板，孔板小孔的直径（mm）如下：1.0、1.5、2.0、2.5、3.0、5.0、8.0、12.0、20.0；加热用丙烷，加热速率为 (3.3 ± 0.3)K/s；试验用保护箱，用于固定加热器、样品，同时保护试验现场，防止钢管破裂飞溅。

试验时，将试样加入钢管中，用 80N 的力压实，装至 55mm 深度。加上孔板，用螺母固定，放入保护箱中，用燃料为丙烷的加热器进行加热，观察钢管的变化，如果钢管没有破裂，应继续加热至少 5min 再结束试验。

"激烈"：极限直径 $\geqslant2.0$mm。

"中等"：极限直径为 1.5mm。

"微弱"：极限直径 $\leqslant1.0$mm，在所有试验中得到的效应都不是 "O" 型效应。

"无"：极限直径 <1.0mm，在所有试验中得到的效应都是 "O" 型效应。

9. 试验 E.2：荷兰压力容器试验

本试验用于确定物质在规定的封闭条件下对高热作用的敏感度。

试验设备和材料包括试验容器，容器用 AISI 316 型号的不锈钢制成。使用 8 个有孔圆板，孔的直径（mm）为：1.0、2.0、3.5、6.0、9.0、12.0、16.0 和 24.0。防爆盘是直径 38mm 的铝圆板，设计 22℃时在 (620 ± 60)kPa 压力下爆裂。加热装置为特克卢燃烧器。

试验时，容器中应装入 10.0g 物质。首先使用孔径 16.0mm 的孔板，然后把防爆盘、中心孔板和扣环装好。压力容器放在保护圆筒内的三脚架上。点燃燃烧器，将气体流量调到所需的流量，对容器进行加热，观察防爆盘的变化。

试验结果的评价：物质对在压力容器中加热的相对敏感度用极限直径表示。极限直径是用毫米表示的如下孔板的最大直径：在用该孔板进行的三次试验中，防爆盘至少破裂一次，而在用下一个更大直径的孔板进行的三次试验中防爆盘都没有破裂。

"激烈"：用 9.0mm 或更大的孔板和 10.0g 的试样进行试验时防爆盘破裂。

"中等"：用 9.0mm 的孔板进行试验时防爆盘没有破裂，但用 3.5mm 或 6.0mm 的孔板和 10.0g 的试样进行试验时防爆盘破裂。

"微弱"：用 3.5mm 的孔板和 10.0g 的试样进行试验时防爆盘没有破裂，但用 1.0mm 或 2.0mm 的孔板和 10.0g 的试样进行试验时防爆盘破裂，或者用 1.0mm 的孔板和 50.0g 的试样进行试验时防爆盘破裂。

"无"：用 1.0mm 的孔板和 50.0g 的试样进行试验时防爆盘没有破裂。

10. 试验 F.4：改进的特劳泽试验

本试验用于测量物质的爆炸力。引发放在物质中的雷管，而雷管则封闭在铅块的一个洞里。爆炸力用铅块洞穴体积增加的数值高出用类似物理性质的惰性物质得到的数值的平均值表示。

试验设备和材料包括铅块，通过浇铸或挤压铅棒加工做成直径 (50 ± 1)mm、长 70mm，有一个直径 25.4mm、长 57.2mm 的洞穴；所用的起爆雷管是标准 8 号（美国）雷管；用于液体和糊状物质的试样小瓶是容量 12mL、外径 21mm 的工业用小瓶；用于固体物质的试样小瓶是容量 16mL、外径 24.9mm 的工业用小瓶。

试验时将 6.0g 试样放入按要求装配并放入铅块里的试样小瓶里。将铅块放在保护区内的坚固平面上，起爆雷管完全插入，在将保护区弄空之后，将雷管点火。在试验之前和之后用水准确地测量铅块洞穴的体积，精确度至0.2mL。使用同一种装置对试验物质和惰性参考物质分别进行三次试验。

试验结果评估用铅块洞穴体积增加的数值高出惰性参考物质得到的数值的平均值表示。

"不低"：平均净铅块膨胀$\geqslant 12cm^3$。

"低"：$3cm^3 <$平均净铅块膨胀$< 12cm^3$。

"无"：平均净铅块膨胀$\leqslant 3cm^3$。

11. 试验 G.1：包件中的热爆炸试验

本试验用于确定物质在包件中热爆炸的潜力。

试验设备和材料包括容器、适当的加热装置和测量温度的设备。

试验适用于在其提交运输的状况和形式下的包装物质。获得热爆炸的方法是：将电加热线圈放在包件内，尽可能均匀地加热物质。加热线圈的表面温度不能高到使物质过早地点燃。可能需要使用一个以上的加热线圈。包件应当放在架子上使其直立。加热系统接上电源，不断地记录物质的温度。加热速率应当约为60℃/h。包件顶部和底部物质之间的温差应当尽可能小。最好预先作出安排以便在加热器失灵时能够从远处销毁包件。试验进行两次，除非观察到爆炸。

试验结果的评估是从包件的破裂情况观察试验包件爆炸的情况。得到的结果只对所试验的包件有效。

"是"：内容器和/或外容器裂成三片以上（不包括容器底部和顶部），表明试验物质能造成该包件爆炸。

"否"：没有破裂或破裂碎片在三片以下，表明试验物质在包件中不爆炸。

12. 试验 H.1：美国自加速分解温度试验（包件）

本方法用于确定物质在特定包件中发生自加速分解的最低恒定环境气温。220L以下的包件可用本方法进行试验，也可以得到分解反应引起爆炸危险性的情况。

试验设备和材料包括一个测试室，其中试验包件周围的空气温度能够在至少10d的期间内保持不变。测试室的结构应当：a. 有良好的绝缘；b. 提供恒温控制的空气循环，使空气温度均匀地保持在预定温度±2℃内；c. 包件与墙壁之间的距离至少100mm。

试验时将包件称重，包件中插入热电偶，测量试样中心的温度。将包件放入测试室中，加热试样并连续测量试样和测试室的温度。记下试样温度达到比测试室温度低2℃的时间。然后试验再继续进行7d，或者直到试样温度上升到比测试室温度高 6℃ 或更多时为止，记下试样温度从比测试室温度低 2℃ 上升到其最高温度所需的时间。如果试样温度没有比测试室温度高 6℃ 或更多，那么用新的试样在温度高 5℃ 的测试室内再进行试验。

试验结果的评价：自加速分解温度是试样温度超过测试室温度 6℃ 或更多的最低测试室温度。如果在任何一次试验中试样温度都没有超过测试室温度 6℃ 或更多，自加速分解温度即记为大于所使用的最高测试室温度。

13. 试验 H.2：绝热储存试验（包件、中型散货箱和罐体）

本试验方法用于确定反应物质随温度而变的发热率。所得到的发热参数与有关包件的热损失数据一起用于确定物质在其容器中的自加速分解温度。本方法适用于任意类型的容器，包括中型散货箱和罐体。

试验设备和材料设备包括一个用于装试样的玻璃杜瓦瓶（1.0L 或 1.5L）、一个装有使测试室温度保持与试样温度相差 0.1℃ 的微分控制系统的绝缘测试室、一个惰性杜瓦瓶盖。物质的温度用装在钢管或玻璃管中的热电偶或铂电阻测温计在物质中心测量。

试验时先用氯化钠、酞酸二丁酯或合适的油对测试仪器进行校准，待校准完毕后开始测试。杜瓦瓶中装入称重过的试样，把它放在绝热储存测试室的瓶架上，然后使用内部加热器把物质加热到可能检测到自加热的预定温度。停止内部加热后测量温度。如果在 24 h 内没有观察到因自加热引起的温度上升，把温度增加 5℃。重复这一程序直到检测到自加热为止。当检测到自加热时，即让试样在绝热条件下升温至发热率小于冷却能力的一个预定温度，在这个温度下开动冷却系统。

试验结果的评价：将计算出的单位质量发热率作为温度的函数在线性分度图纸上标出，并通过这些标出的点画一条最佳拟合曲线。确定特定包件、中型散货箱或罐体的单位质量热损失 $L[W/(kg \cdot ℃)]$。画一条与发热曲线相切、斜率为 L 的直线。该直线与横坐标的交点就是临界环境温度，即包件中物质不显示自加速分解的最高温度。自加速分解温度则是临界环境温度向上修约至 5℃ 的整数倍的温度。

14. 试验 H.4：热积累储存试验（包件、中型散货箱和小型罐体）

本方法用于确定热不稳定物质在运输包件中发生放热分解的最低恒定空气环境温度。本方法的根据是西门诺夫原理，即对热流的主要阻力是在容器壁。本方法可用于确定物质在其容器，包括中型散货箱和小型罐体（2m³ 以下）中的自加速分解温度。

试验设备和材料包括合适的测试室、适当的杜瓦瓶及其封闭装置、温度传感器和测量设备。对于温度在 75℃ 以下的试验，应当使用双壁金属测试室（大约内径 250mm、外径 320mm、高 480mm，用厚 1.5～2.0mm 的不锈钢板制成）。对于温度高于 75℃ 的试验，可以使用恒温控制的干燥炉。

试验时将测试室调至选定的储存温度，杜瓦瓶装入试验物质至其容量的 80％，记下试样的质量。杜瓦瓶盖密封好后放进测试室，接通温度记录系统并关闭测试室，然后加热样品，连续地测量试样温度和测试室温度。记下试样温度达到比测试室温度低 2℃ 的时间，试验再继续进行 7d，或者直到试样温度上升到比测试室温度高 6℃ 或更多时为止，记下试样温度从比测试室温度低 2℃ 上升到其最高温度的时间。然后用新试样重复做试验，在间隔 5℃ 的不同储存温度下进行。

试验结果的评价：自加速分解温度是试样温度超过测试室温度 6℃ 或更多的最低温度。如果在任何一次试验中试样温度都没有超过测试室温度 6℃ 或更多，自加速分解温度即记为大于所使用的最高储存温度。

第九节　自燃液体

一、现有测试方法和标准

自燃液体的测试试验用于确定液体与空气接触是否燃烧，《试验和标准手册》[1] 和 EC440/2008 法规附件 A 部分：理化特性测试方法中均包含液体自燃性的测试方法，二者的技术要求基本相同。我国根据《试验和标准手册》发布了《易燃液体危险货物危险特性检验安全规范》（GB 19521.2—2004），其中自燃液体的测试方法与《试验和标准手册》中自燃液体的测试方法技术内容一致。

二、测试方法概述

1. 筛选程序

有机物质和有机准金属、有机磷及其衍生物、氢化物及其衍生物、卤乙炔衍生物和乙炔配合物都会显示自燃性。如果一种物质或混合物在实际搬运中，或者在打开容器试图进行分类试验时自发点燃，那么没有必要进行试验，可直接划分为自燃物质[28]。

如果生产或运输过程中的经验表明，物质在正常温度下接触空气不会自发着火，即已知该物质在室温下长时期能够保持稳定，那么不必进行自燃液体的分类程序。

2. 液体自燃性测试

液体自燃性测试的主要方法为：将液体加到惰性载体上后暴露于空气中是否会燃烧，或者与空气接触是否会使滤纸变成炭黑或燃烧。

在室温下把硅藻土或硅胶装进直径约 100mm 的瓷杯，装到高度约 5mm 为止。将 5mL 试样倒入该瓷杯中，并观察物质是否在 5min 内燃烧。本程序应重复进行六次，除非较早取得肯定的结果。如果液体在试验中发生燃烧，则认为该液体具有自燃特性；如果取得的结果是否定的，那么应继续进行下面的试验。

用注射器将 0.5mL 的试样注射到一张凹进的干滤纸上。试验应在（25±2）℃和相对湿度 50%±5% 的环境下进行。把待测试的液体加在滤纸上后观察滤纸在 5min 以内是否燃烧，或发生炭化。本程序应重复进行三次，每次使用新的滤纸，除非较早取得肯定的结果。试验中使滤纸燃烧或发生炭化，则该液体被认定为具有自燃特性。

第十节　自燃固体

一、现有测试方法和标准

自燃固体的测试用于确定固体与空气接触是否燃烧，《试验和标准手册》[1] 和 EC440/2008 法规附件 A 部分：理化特性测试方法中均包含固体自燃性的测试方法，二者的技术要求基本相同。我国根据《试验和标准手册》发布了《危险品 易燃固体自燃试验方法》（GB/T 21611—2008），其中自燃固体的测试方法与《试验和标准手册》中自燃固体的测试方法技术内容一致。

二、测试方法概述

1. 筛选程序

有机物质和有机准金属、有机磷及其衍生物、氢化物及其衍生物、卤乙炔衍生物和乙炔配合物都会显示自燃性。金属粉末或者金属细小颗粒也可能具有自燃性。很多金属物质，如铝，由于表面形成一层具有阻止进一步反应的氧化膜，一般不会显示出自燃性。

固体自燃性与固体粒度相关，固体物质或者混合物的粒度越小，与空气接触面积就越大，具有自燃性的倾向就越大。如果生产或运输过程中的经验表明，物质在正常温度下接触空气不会自发着火，即已知该物质在室温下长时期能够保持稳定，那么不必进行自燃固体的分类程序。

2. 固体自燃性测试

固体自燃性测试不需要特殊的试验设备，方法是将固体暴露于空气中，并确定达到燃烧的时间。将 1～2mL 所要试验的粉状物质从约 1m 高处往不燃烧的表面倒下，并观察该物质是否在跌落时或在落下后 5min 内燃烧。试验应重复进行六次，除非较早取得肯定的结果。如果试样在一次试验中燃烧，应将物质视为自燃固体。

在试验过程中点燃或者导致炭化，那么物质被认为具有自燃特性。需要在室温下暴露于空气中数小时或数天或者需要提高温度才会发生自燃的物质不属于该方法的范围。如果物质被加到惰性载体上并暴露于空气中 5min 内发生了燃烧，那么它可以被认定为具有自燃特性。

第十一节　自热物质和混合物

一、现有测试方法和标准

自热物质是指不需要提供能量就能通过与空气反应自加热的固态或液态物质。自热物质是针对固态和液态物质而言，物理形态为气态的物质不适用此分类。对于自热物质和混合物的测试，《试验和标准手册》[1] 第 33 节中给出了具体测试方法。我国根据《试验和标准手册》发布了《危险品 易燃固体自热试验方法》（GB/T 21612—2008）。

二、测试方法概述

1. 筛选程序

如果筛选试验的结果可与分类试验适当地联系起来，并且适当增加了安全系数，则可以通过筛选试验，如格鲁沃烘箱试验（grewer oven test）和疏松粉末甄别试验（bulk powder screening test）判定物质的自热性，不必进行自热物质的分类程序。

2. 试验方法

《试验和标准手册》第 33 节介绍了自热物质的试验方法。本试验方法用于评估物质暴露于空气中是否会氧化自热。

试验设备和材料包括热空气循环式烘箱，容积大于 9 L，能够把内部温度控制在 100℃、120℃或 140℃±2℃；试样容器分为边长为 25mm 和 100mm 的立方体钢丝网容器。试验需要两支直径 0.3mm 的铬铝热电偶，一个放在试样的中心；另一个放在试样容器和烘箱壁之间。

试验时将待测试样装满试样容器，装满，将容器用罩罩住，放置在烘箱的中心，插入热电偶。在一定温度（140℃、120℃、100℃）下恒温 24h，记录样品内部达到的最高温度。

试验中建议盛装测试样品的容器为立方体钢丝网容器，但低熔点固体在测试过程中会随着温度的升高而逐渐熔化，从容器的网孔中流出，因而无法使用该种形式的容器完成测试。例如二氧化硫脲，自热后产物在 100℃以上为固液共存态，部分液相产物会通过网孔流出容器，导致自热峰值温度不准确。同时，分解产物中存在腐蚀性成分，流出容器后对测试仪器有一定的损坏，应适当更换成其他相对密封的容器[29]。专利"用于粘稠液体及低熔点固体自热性的测试方法"（专利号：CN201510664779.1），提出了一种测试黏稠液体和低熔点固体自热性的方法，采用玻璃容器取代立方体钢丝网容器，解决了《试验和标准手册》及其他现有自热性测试方法不适于测试液体及熔点低于 140℃的固体的自热性的问题[30]。

试验结果评估：如果在 24h 试验时间内发生自燃或者试样温度比烘箱温度高出 60℃，即取得肯定的结果；否则，结果被认为是否定的。

第十二节　遇水放出易燃气体的物质和混合物

一、现有测试方法和标准

遇水放出易燃气体的物质和混合物是指通过与水作用，容易自燃或放出危险数量的易燃气体的固态或液态物质或混合物。对于遇水放出易燃气体的物质和混合物的测试，《试验和标准手册》[1] 第 33 节中给出了具体测试方法。我国根据《试验和标准手册》发布了《危险品 易燃固体遇水放出易燃气体试验方法》（GB/T 21619—2008）。

EC440/2008 法规附件 A 部分：理化特性测定方法中 A.12 可燃性（与水接触

时）测试方法，也是用来确定物质与水或者潮湿空气反应是否产生危险量的气体或极易燃烧的气体。这种测试方法基本上引用了《试验和标准手册》第 33 节中遇水放出易燃气体的物质的试验方法，只是在试样和水的用量上稍微有所差别。

二、测试方法概述

1. 筛选程序

具有下列情况之一时，不必进行遇水可能反应放出易燃气体的物质的分类程序：

① 物质的化学结构不含有金属或类金属；

② 生产或运输经验表明该物质遇水不反应，即该物质是在水中生产的或经过水洗；

③ 已知该物质溶于水后形成稳定的混合物。

2. 试验方法

《试验和标准手册》第 33 节介绍了遇水放出易燃气体的物质的试验方法，本方法用于评估物质与水或者潮湿空气反应是否产生危险量的气体或极易燃烧的气体。

试验设备和材料包括天平、250mL 锥形瓶、玻璃皿、滤纸等。

试验中如果在任何阶段出现自燃，则无需进一步试验。若在试验中试样未出现自燃现象，则按照如下程序进行：称取一定量样品（最大质量为 25g）置于锥形瓶中，加入足量的水，在 7h 内检测和计算最大放出易燃气体速率 [L/(kg·h)]。若放出气体速率不稳定，在 7h 后仍在增加，应延长测定时间，最长为 5d。

试验结果评估：若试验符合下列条件之一，即可划入遇水放出易燃气体的物质和混合物。a. 在试验中任何一个步骤发生自燃；b. 释放易燃气体的速度＞1L/(kg·h)。

第十三节 氧化性液体

一、现有测试方法和标准

氧化性液体指本身未必燃烧，但通常因放出氧气而可能引起或促使其他物质燃烧的液体。对于氧化性液体的测试，《试验和标准手册》第 34 节中给出了具体测试方法。我国根据《试验和标准手册》[1] 发布了《危险品 液体氧化性试验方法》（GB/T 21620—2008）。

欧盟于 2008 年发布的 EC440/2008 法规附件 A 部分：理化特性测定方法中 A.21 氧化性（液体）测试方法也是用来测试液体物质在与一种可燃物质完全混合时，增加该可燃物质的燃烧速率或燃烧强度的潜力。这种测试方法基本上引用了《试验和标准手册》第 34 节中氧化性液体的试验方法，但此方法标准物质只有一种（65%硝酸），只是用以判断物质是否具有氧化性，而不对其氧化性类别进行划分。

二、测试方法概述

1. 筛选程序

对于有机化合物，具有下列情况之一时不必进行氧化性液体的分类程序：

a. 化合物不含有氧、氟或氯；

b. 化合物含有氧、氟或氯，但这些元素仅与碳或氢键合在一起。

对于无机物质，如果该物质不含有氧或卤素原子，则不必进行氧化性液体或氧化性固体的试验程序。

2. 试验方法

《试验和标准手册》第 34 节介绍了氧化性液体的试验方法。本方法用于测量液态物质在与一种可燃物质完全混合时，增加该可燃物质的燃烧速率或燃烧强度的潜力或者形成会自发着火的混合物的潜力。

设备和材料包括压力容器，一个长 89mm、外径 60mm 的圆柱形钢压力容器，容器有一直径 20mm 的内膛，侧臂外端车上螺纹以便安装隔膜式压力传感器；压力测量装置，能够对在不超过 5ms 的时间内压力从 690kPa 升至 2070kPa 的压力上升速率作出反应；干白纤维素，纤维中值直径约 $25\mu m$，粒度小于 $100\mu m$，视密度约 $170kg/m^3$，pH 值 5～7 之间，在 105℃下干燥至恒定重量；标准物质，65%硝酸、40%氯酸钠水溶液、50%高氯酸。

试验时将液体试样与干燥的纤维素 1∶1 混合，总质量 5g，置于压力容器中加热，记录系统压力从 690kPa 上升至 2070kPa 的时间，与标准物质测得时间进行比较。

试验结果评估：a. 物质和纤维素的混合物是否自发着火；b. 压力从 690kPa 上升到 2070kPa（表压）所需的平均时间与参考物质的这一时间比较。

有时可能不是物质的氧化性导致的反应压力上升，在这种情况下，应当使用惰性物质，如用硅藻土代替纤维素重新进行试验，以澄清反应的性质。例如在硝酸异辛酯的氧化性测试中，硝酸异辛酯与纤维素 1∶1 混合时，压力从 690kPa 上升到 2070kPa（表压）的时间低于 65％硝酸水溶液与纤维素质量比 1∶1 混合物的压力上升时间。采用惰性物质硅藻土代替纤维素重新进行试验，硝酸异辛酯与硅藻土质量比 1∶1 混合物仍然出现了压力上升现象，并达到 2070kPa，只是压力升高的过程相对缓和一些。65％硝酸与硅藻土（1∶1）混合物的液体氧化性未观察到压力超过 2070kPa 的情况。由于氧化性而导致压力升高的情况仅限于物质与纤维素等还原剂混合的情形，而与惰性物质混合时不会发生压力升高的情况。因此硝酸异辛酯的液体氧化性试验结果应为负结果，即硝酸异辛酯不具有氧化性，不属于氧化性液体[31]。

第十四节　氧化性固体

一、现有测试方法和标准

氧化性固体指本身未必燃烧，但通常因放出氧气而可能引起或促使其他物质燃烧的固体。对于氧化性固体的测试，《试验和标准手册》第 34 节中给出了具体测试方法。我国根据《试验和标准手册》[1] 发布了《危险品 固体氧化性试验方法》（GB/T 21617—2008）。

欧盟于 2008 年发布的 EC440/2008 法规附件 A 部分：理化特性测定方法中 A.17 氧化性（固体）测试方法也是用来测试固体物质在与一种可燃物质完全混合时，增加该可燃物质的燃烧速率或燃烧强度的潜力。这种测试方法与《试验和标准手册》第 34 节中氧化性固体的试验方法有较大的区别，比如在标准物质的选用；混合物中试样和纤维素的百分比、堆垛物的形状、点火方式等方面均存在差异。

二、测试方法概述

1. 筛选程序
同氧化性液体。

2. 试验 O.1 氧化性固体的试验
《试验和标准手册》第 34 节介绍了氧化性固体的试验，本试验方法是测定一种固体物质在与某一种可燃物质完全混合时增加该可燃物质的燃烧速度或燃烧强度的潜力。

设备和材料包括参考物质溴酸钾，过筛，65℃下干燥至恒定重量；干白纤维素，纤维中值直径约 $25\mu m$，粒度小于 $100\mu m$，视密度约 $170kg/m^3$，pH值 5～7之间，在 105℃下干燥至恒定重量；点火丝，长度 30cm，直径 0.6mm、电阻 6.0Ω、电功率 150W 的金属线（例如镍/铬）。

试验时将固体试样与干燥的纤维素 1∶1 或 4∶1 混合，总质量 30g，制作成底部直径为 70mm 的圆锥体，置于点火丝上，通过点火丝对圆锥体进行点火加热，记录圆锥体完全燃烧需要的时间，与标准物质（溴酸钾与纤维素 3∶7，2∶3，3∶2 三种比例）测得的时间进行比较。

试验结果评估：a. 物质和纤维素的混合物是否发火并燃烧；b. 平均燃烧时间与参考混合物的平均燃烧时间比较。

3. 试验 O.3 氧化性固体重量试验

《试验和标准手册》第 34 节介绍了氧化性固体重量试验，本试验方法是测定一种固体物质在与一种可燃物质完全混合的情况下，提高后者燃烧速率或燃烧强度的潜在能力。

设备和材料包括参考物质工业纯过氧化钙，浓度 $75\%\pm0.5\%$，氢氧化钙含量 $20\%\sim25\%$，碳酸钙含量 $0\%\sim5\%$，氯化物最多 $500\mu g/g$，其中 99% 以上粒径小于 $75\mu m$，50% 以上粒径小于 $20\mu m$；可燃材料纤维素，长度 50～$250\mu m$，中值直径约 $25\mu m$，在 105℃下干燥至恒定重量；采用天平记录数据，天平有数据传送功能，最好能达到每秒 5 个数据的记录频率；点火源为镍/镉电阻丝，长度 $(30\pm1)cm$，直径小于 1cm，线材耗散功率 $(150\pm7)W$。

试验时将固体试样与干燥的纤维素 1∶1 或 4∶1 混合，总质量 $(30\pm0.1)g$，制作成底部直径为 70mm 的堆垛，置于点火丝上，通过点火丝对圆锥体进行点火加热，计算燃烧速率，与参考物质（工业纯过氧化钙与纤维素 3∶1，1∶1，1∶2 三种比例）测得的燃烧速率进行比较。

试验结果评估：a. 受试物质与纤维素的混合物是否引燃和燃烧；b. 将平均燃烧速率与参考混合物的平均速率进行比较。

第十五节 金属腐蚀物

一、现有测试方法和标准

对于化学品对金属腐蚀性的测试方法，国内外已有比较统一的测试液体化学品对金属腐蚀性的方法和标准，主要适用于液体和在运输过程中可能变为液体的固体化学品对金属腐蚀性的测试。目前主要测试方法是《试验和标准手册》[1] 37.4 确定对金属腐蚀性的测试方法，《实验室金属浸入腐蚀性测试指南》（ASTM G31）[32] 与《试验和标准手册》中的方法和测试装置基本一致，但二者测试温度有差异，《试验和标准手册》中测试温度为 55℃±1℃，ASTM G31 中为 （40～45）℃±1℃（或±2℃）。

以上两种方法都仅适用于液体化学品以及能够变为液体的固体化学品，如极易潮解的化学品、熔点非常低的化学品，测试条件下的状态必须是液体。固体化学品在储运过程中由于储运环境的湿度、温度等因素的影响，对与其接触的金属材料可能会具有一定的腐蚀性，由于固体化学品对于金属的腐蚀具有以下特点：多相性，可能是多种化学品的混合物；多孔性，充满空气和水的毛细微孔和孔隙；固定性，固体物质与金属固定不动，因此其腐蚀性测试无法使用现有的化学品腐蚀性测试标准进行测试与评估。

美国 EPA 和国际农药分析协作委员会（Collaborative International Pesticides Analytical Council，CIPAC）发布的测试方法中有对杀虫剂的腐蚀性测试方法[33,34]。此方法是将固体杀虫剂放入烧杯中，再将金属片置于固体样品上，然后在 54℃下进行 14d 的试验。在不同时间段采用 DSC/DTA 对试验中的杀虫剂样品进行分析。我国《农药理化性质测定试验导则》第 16 部分：对包装材料腐蚀性中使用的方式是将被试物与其商业包装材料相接触，在选定的温度条件下储存一定时间，测试试验前后包装材料的性状差别，计算包装物质量变化率[35]。

固体农药对于包装的腐蚀性测试方法采用接触式测试，目前广泛应用于农药的腐蚀性评价中，未推广至其他化学品。该方法仅测试了固体农药全部接触状态下的腐蚀性，未能全面考虑固体化学品在生产、储运和运输过程中的多种接触形式，测试结果不能全面反映固体化学品对金属的腐蚀性。

二、测试方法概述

《试验和标准手册》37.4 确定对金属腐蚀性的测试方法中采用的方法是：将规定型号的钢片或者铝片（SAE1020 型号钢片，7075-T6 型号铝合金试片）以全浸、半浸或者悬空三种状态置于待测试液体中，进行 168h 的测试。试验温度为 55℃±1℃，试验时间至少一星期（168h）。结果的判定以质量损失率和局部腐蚀的浸蚀深度为依据，如果 7d 的质量损失≥13.5% 或者浸蚀深度≥120μm，则认为该化学品对金属具有腐蚀性。

第十六节　退敏爆炸物

一、现有测试方法和标准

退敏爆炸物指固态或液态爆炸性物质或混合物，经过退敏处理以抑制其爆炸性，使之不会整体爆炸，也不会迅速燃烧，因此可不划入危险种类"爆炸物"。对于退敏爆炸物测试，《试验和标准手册》[1] 试验系列 6(a)、6(b)，第 20 节和第 51 节给出了甄别及测试方法，其中《试验和标准手册》第 51 节燃烧速率试验给出了退敏爆炸物的具体测试方法。

二、测试方法概述

1. 试验系列 6(a) 和 6(b)

同爆炸物试验系列 6(a) 和 6(b)。

2. 燃烧速率试验（外部火焰）

使用确定燃烧速率的试验方法（10000kg 尺度燃烧速率）确定包装储存和使用的物质或混合物在遇到外部火焰时的表现。用所测物质或混合物的多个包件进行这项试验，以确定物质是否存在整体爆炸危险、迸射危险或发生过于猛烈的燃烧，以及燃烧速率。

试验设备和材料包括：a. 包件数量为 1、6、10 的包件，每个包件装净重 25kg 的退敏爆炸物；b. 包件数量为 1、3、6 的包件，每个包件装净重 25～50kg 不等的退敏爆炸物；c. 包件数量为 1 的包件和包件数量为 1～6 的包件，内装净重 50kg 以上的退敏爆炸物，合计净重不大于 500kg；d. 1 个或 2 个足够大、足够高的托盘；e. 一个木货板；f. 一个合适的点火源；g. 胶片摄影机。

试验时开始选用一个包件，然后逐次增加包件数目，一般对每一数目的包件做一次燃烧速率试验。试验过程中，使用合适设备至少从距燃烧处三个不同距离的地方测量辐射热。

试验结果的评价：通过校正燃烧速率 A_c 值的大小对退敏爆炸物进行分类。校正燃烧速率大于 1200kg/min 的任何物质或混合物均划为爆炸物；小于 1200kg/min 的划分为退敏爆炸物第 1～4 类。

参考文献

[1] 联合国关于危险货物运输的建议书 试验和标准手册（Recommendations on the transport of dangerous goods：manual of Tests and Criteria）. Sixth revised edition. New York and Geneva, United Nations，2015.

[2] Council Regulation（EC） No 440/2008, Part A：Methods for the determination of physico-chemical properities. European Union，2008.

[3] 空气中可燃气体爆炸极限测定方法 . GB/T 12474—2008.

[4] 化合物（蒸气和气体）易燃性浓度限值的标准试验方法 . GB/T 21844—2008.

[5] 化学品危险性分类试验方法——气体和气体混合物燃烧潜力和氧化能力 . GB/T 27862—2011/ISO 10156：2010.

[6] Gases and gas mixtures-Determination of fire potential and oxidizing ability for the selection of cylinder valve outlets. ISO 10156：2017.

[7] Standard Test Method for Concentration Limits of Flammability of Chemicals（Vapors and Gases）. ASTM E681—2015.

[8] Determination of the explosion limits and the limiting oxygen concentration（LOC）for flammable gases and vapours. EN 1839—2017.

[9] 石油产品自燃温度测定法 . GB/T 21791—2008.

[10] 可燃液体和气体引燃温度试验方法 . GB/T 5332—2007.

[11] Explosive atmospheres Part 20-1：Material characteristics for gas and vapour classification Test methods and data. IEC 60079-20-1 Edition 1.0（2010-01）.

[12] Determining the ignition temperature of petroleum products. DIN51794—2003.

[13] Standard Test Method for Autoignition Temperature of Chemicals. ASTM E659—2015.

[14] 化学品分类和标签规范 第 4 部分：气溶胶 . GB 30000.4—2013.

[15] 国家安全生产监督管理总局, 工业和信息化部, 公安部, 等 . 危险化学品目录 . 2015.

[16] 危险品 喷雾剂封闭空间点燃试验方法 . GB/T 21631—2008.

[17] 危险品 喷雾剂泡沫可燃性试验方法 . GB/T 21632—2008.

[18] 危险品 喷雾剂点燃距离试验方法 . GB/T 21630—2008.

[19] 危险品 喷雾剂燃烧热试验方法 . GB/T 21614—2008.

[20] Standard Test Method for Heat of Combustion of Liquid Hydrocarbon Fuels by Bomb Calorimeter. ASTM D240—2017.

[21] Standard Test Methods for Flammability of Aerosol Products. ASTM D3065-01（2013）.

[22] 赵雅娟 . 气雾剂燃烧热测试装置及测量方法研究 . 消防管理研究，2017，36（12）：1764-1765.

[23] Globally harmonized system of classification and labelling of chemicals（GHS）. Seventh revised edition. New York and Geneva, United Nations, 2017.

[24] Transportable gas cylinders-Conditions for filling gases into receptacles-single component gases. BS EN 13096：2003.

[25] Standard Test Methods for Flash Point by Pensky-Martens Closed Cup Tester Standard Test Methods for Flash Point by Pensky-Martens Closed Cup Tester. ASTM D 93-18.

[26] Harry A W. Manual on Flash Point Standards and their use. ASTM Int'l, 2007.

［27］ Gmehling J, Rasmmussen P. Industrial & Engineering Chemistry Fundamentals. 1982，21（2）：186-188.

［28］ Guidance on the Application of the CLP Criteria. Version 5. 0. ECHA，2017.

［29］ 吴保意，郭璐，张金梅，等 . 二氧化硫脲自热危险性的研究 . 中国安全生产科学技术，2013，9（9）：19-23.

［30］ 霍明甲 . 用于粘稠液体及低熔点固体自热性的测试方法：CN201510664779. 1. 2017-12-12.

［31］ 王亚琴，霍明甲，张会光，等 . 硝酸异辛酯的化学品危险性分类研究 . 安全、健康和环境，2015，15（11）：58-62.

［32］ Standard Guide for Laboratory Immersion Corrosion Testing of Metals. ASTMG31-12a.

［33］ EPA Product properties Test Guidelines.

［34］ CIPAC Handbook F：149-150.

［35］ 农药理化性质测定试验导则 第 16 部分：对包装材料腐蚀性 . NY/T 1860. 16—2016.

第四章

化学品健康危害鉴定

一、我国的化学品毒理测试方法现状

预防化学品危害、控制化学品风险的最好方法，是将化学品与人体接触的量控制在不足以产生严重后果的限度内。为认识不同化学品的危害性质、鉴定其危害程度，从而以较低的成本采取有针对性的防控措施，需要逐步建立以筛选试验和模拟测试为主的化学品测试方法体系。OECD 环境健康和安全计划的重要组成部分就是制定测试指南，1981 年 OECD 制定颁布了 50 项化学品测试指南，随后根据科学发展的需要，又不断修订和开发了一些新的测试方法，目前 OECD 共有健康危害测试方法 76 种[1]。其中，8 种测试方法在官网中已被删除、废止，包括测试导则（OECD Guidelines for the Testing of Chemicals，OECD TG）中的 TG-415、TG-457、TG-477、TG-479、TG-480、TG-481、TG-482、TG-484[2]。另外，美国 EPA 开发了健康危害测试方法 7 类 49 种，也是很好的参考资料[3]。

近年来，国际上关于化学品危害性的研究不断深入。联合国 2003 年发布了 GHS，欧盟 2006 年批准了 REACH 法规，欧洲化学品管理局 ECHA 推荐了一系列方法和标准支撑 REACH 法规的实施，其中涉及健康毒理学的试验，REACH 要求的测试项目主要采用经济与发展合作组织 OECD 的化学品测试方法。

我国的健康危害测试方法主要以 OECD 测试方法为蓝本，并形成了以下成果。

卫生部根据 OECD、美国 EPA 以及日本的测试方法，结合我国实际在 2005 年组织编写了《化学品毒性鉴定技术规范》，共包含四个阶段试验 28 种测试方法，加上 14 种参考试验方法，共包含 42 种毒性测试方法，是化学品毒性测试的重要指导文件。

　　全国危险化学品管理标准化技术委员会化学品毒性检测分技术委员会（SAC/TC251/SC1）根据 OECD 的试验方法在 2008～2012 年间先后制定并颁布了 57 项危险化学品毒性试验方法的国家标准。

　　卫生部职业卫生专业委员会根据《职业病防治法》在 2011 年制定了《化学品毒理学评价程序和试验方法》（GBZ/T 240.2～29）28 个系列标准，该标准系列原计划制定 44 个标准，含 43 个试验方法，目前只颁布了 28 个试验方法。

　　为配合《化学品测试导则》（HJ/T 153—2004）的制定，化学品登记中心以 OECD 测试方法为基础，结合美国 EPA、国际劳工组织的测试方法，在 2004 年出版了《化学品测试方法》，2013 年出版了该书的第二版，该书第四卷健康效应卷包含了 73 个测试项目、73 个测试方法。

　　此外，农业部农药检定所于 2017 年发布了《农药登记毒理学试验方法》（GB/T 15670）系列标准，共有 28 个试验方法。

　　本书主要介绍由全国危险化学品管理标准化技术委员会制定的危险化学品毒性试验方法系列国家标准。

二、动物试验的要点

1. 职业道德要求

　　动物试验要贯彻国际上的动物福利原则和 3R 原则。动物福利原则的核心是善待活着的动物，减少死亡的痛苦。3R 原则即替代（replacement）、减少（reduction）、优化（refinement）。"替代"指使用其他方法而不用动物所进行的试验或其他研究课题，以达到某一试验目的，或是使用没有知觉的试验材料代替以往使用神志清醒的活的脊椎动物进行试验的一种科学方法。"减少"指在科学研究中，使用较少量的动物获取同样多的试验数据，或使用一定数量的动物能获得更多试验数据的科学方法。"优化"指在符合科学原则的基础上，通过改进条件，善待动物，提高动物福利；或完善实验程序和改进实验技术，避免或减轻给动物造成的与试验目的无关的疼痛和紧张不安的科学方法。

2. 动物试验的基本原则

　　动物试验有三个基本原则：

　　① 实验动物体内的毒性作用可以外推到人。基本假设为：a. 人是最敏感的动物物种；b. 人和实验动物的生物学过程包括化学物的代谢，与体重（或体表面积）相关。这两个假设也是全部实验生物学和医学的前提。以单位体表

面积计算时对人产生毒作用的剂量和实验动物通常相近似；而以体重计算时则人通常比实验动物敏感，差别可能达 10 倍。

② 实验动物必须高剂量暴露以发现对人是否有潜在危害。此原则是根据质反应的概念，随着剂量或者暴露增加，群体中效应发生率增加。

③ 成年健康（雄性或者雌性未孕）的实验动物和人可能的暴露途径。使用成年健康（雄性或者雌性未孕）的实验动物是为了使试验结果具有代表性和可重复性。

3. 实验动物的选择

尽可能地选择与人代谢、生化和毒理学特征最接近的物种。利用其与人类某些接近的特征，通过试验观察，对人类疾病的过程进行推断和探索。一般来说，动物的进化阶段越高，功能、代谢、结构越复杂，也就越接近人类。选择自然寿命较短、易于饲养和试验操作、经济、易获得的物种。在不影响试验结果正确可靠的前提下，尽量选用容易繁殖，比较经济实用的实验动物。尽可能使用替代物和善待动物，能用小动物的不用大动物，能用低等动物的不用高等动物。

4. 动物品级要求

按照实验动物微生物和寄生虫等级可将实验动物分为：普通动物（conventional animal，CV）、清洁动物（clean animal，CL）、无特定病原体动物（specific pathogen free animal，SPF）、无菌动物（germ free animal and gnotobiotic animal，GF）。普通动物（CV）是指微生物不受特殊控制的一般动物，要求排除人兽共患病的病原体和极少数的实验动物烈性传染病的病原体。清洁动物（CL）要求排除人兽共患病及动物主要传染病的病原体。无特定病原体动物（SPF）要求在清洁动物的基础上，还要排除一些规定的病原体。无菌动物（GF）要求不带有任何用现有方法可检出的微生物。

第一节　急性毒性

一、现有测试方法和标准

急性毒性试验的目的是通过观察急性毒性效应的临床表现，初步估测毒作用的靶器官和可能的毒作用机制；为亚慢性、慢性和其他毒性试验的剂量水平设计提供参考；为急性毒性分级和制定安全防护措施提供依据。

表征急性毒性最常用的指标是半数致死量（median lethal dose，LD_{50}）或半数致死浓度（median lethal concentration，LC_{50}），它是一个经过统计学处理计算得到的数值，常用以表示急性毒性的大小。LD_{50} 数值越小，表示化学品的毒性越强；反之，LD_{50} 数值越大，则毒性越低。LD_{50} 是表示一种化学品引起实验动物死亡一半的剂量或浓度，优点是比绝对致死剂量（absolute lethal dose，LD_{100}）或安全剂量（maximum tolerance dose，MTD 或 LD_0）有更高的重现性，可反映受试群体中大多数动物易感性的平均情况，是致死率对剂量变化最敏感的点；缺点是不能反映受试化学物质的急性中毒特征。

现有的国家标准见表 4-1。

表 4-1　急性毒性试验方法国家标准

国家标准号	国家标准名称	OECD TG
GB/T 21603—2008	化学品 急性经口毒性试验方法	OECD TG-401①
GB/T 21606—2008	化学品 急性经皮毒性试验方法	OECD TG-402
GB/T 21605—2008	化学品 急性吸入毒性试验方法	OECD TG-403
GB/T 21804—2008	化学品 急性经口毒性固定剂量试验方法	OECD TG-420
GB/T 21757—2008	化学品 急性经口毒性试验急性毒性分类法	OECD TG-423
GB/T 21826—2008	化学品 急性经口毒性试验上下增减剂量法	OECD TG-425
GB/T 27824—2011	化学品 急性吸入毒性固定浓度试验方法	OECD TG-433
GB/T 27823—2011	化学品 急性经皮毒性固定剂量试验方法	OECD TG-434①
GB/T 28648—2012	化学品 急性吸入毒性试验急性毒性分类法	OECD TG-436

① 该方法已废止或不再采用。

二、测试方法概述

急性毒性试验可以分为两类：一类以死亡为终点，主要求得 LD_{50} 或近似 LD_{50}；另一类检测非致死性指标。经口和吸入途径的急性毒性动物试验首选实验动物是大鼠，经皮急性毒性的首选实验动物是大鼠，也可以选择豚鼠或家兔。急性毒性的相关信息也可以从病例报告、流行病学研究、医疗监督等方面获得。OECD 目前还未正式采纳任何体外试验用于急性毒性评估。非试验方法可以通过定量构效关系 QSAR 判断。

传统的经口急性毒性试验使用动物较多，2001 年 OECD 废止了急性毒性的传统方法 TG-401，取而代之的是优化方法，即固定剂量试验法（Fixed Dose Procedure，FDP）TG-420、分类法（Acute Toxic Class，ATC）TG-423 和上下增减剂量法（Up and Down Procedure，UDP）TG-425，大大减少了动物的使用[4]。急性毒性试验方法的比较见表 4-2。

表 4-2　急性毒性几种试验方法的比较[5]

标准	特点	优缺点
GB/T 21603—2008 OECD TG-401	经典急性毒性试验,以动物死亡作为观察终点。适应期 5～7d,至少设 3 个剂量组(可无对照组),每组每性别至少 5 只动物,组间有适当的剂量间距,观察期至少 14d	可得到剂量反应关系和 LD_{50}。LD_{50} 不能等同于急性毒性;动物死亡迅速,不能观察到其他毒性表现;一次试验至少需要 30～50 只动物
GB/T 21804—2008 OECD TG-420	设定固定剂量以观察动物的试验反应,不以动物死亡作为观察终点,剂量选择范围为 5、50、500(mg/kg)。初始选择 10 只动物给予 50mg/kg 剂量,根据存活率和毒性表现再进行另一个剂量的试验,判定危害分级	试验需要动物少,一般需要 10～20 只。不能得到 LD_{50} 值
GB/T 21757—2008 OECD TG-423	以死亡为观察终点的分阶段试验法。每次选用 3 个设定剂量(mg/kg)(25、200、2000)之一,单性别 3 只动物进行试验,根据上一个步骤有无死亡或死亡的动物数,决定下一步的试验。平均约 2～4 次可判定急性毒性	用于危害评估和危害分级,可得到 LD_{50} 估计值。动物用量少,一般不超过 12 只。耗时长
GB/T 21826—2008 OECD TG-425	以死亡为观察终点,但也可观察其他终点。根据初步资料设一个剂量试验,根据试验结果按等比级数将设计剂量上下移动,用少数动物来推测大概的致死剂量	可得到 LD_{50} 的估计值及相应的置信区间,可以观察毒性表现。实验动物少,一般 6～10 只。耗时长,不能得到剂量-效应曲线

第二节　皮肤腐蚀/刺激

一、现有测试方法和标准

皮肤腐蚀/刺激试验包括单次和多次皮肤刺激试验,观察终点为皮肤腐蚀和皮肤刺激。

皮肤腐蚀指皮肤接触化学品后产生的局部不可逆的组织损伤,即 4h 内引起表皮直至真皮发生肉眼可见的细胞坏死,包括溃疡、出血、结痂和 14d 内由于疤痕引起的皮肤变色。

皮肤刺激指皮肤接触化学品后产生的局部可逆性的炎症变化,即 4h 内引起的皮肤可逆性损伤,表现为水肿、红斑等。

试验目的是确定和评价化学品对哺乳动物皮肤局部是否有刺激作用或腐蚀作用及其程度。

现有的国家标准见表 4-3。

表 4-3　皮肤腐蚀/刺激试验方法

国家标准名称	国家标准号	OECD TG
化学品 急性皮肤刺激性/腐蚀性试验方法	GB/T 21604—2008	OECD TG-404
化学品 体外皮肤腐蚀经皮电阻试验方法	GB/T 27828—2011	OECD TG-430
化学品 体外皮肤腐蚀 人体皮肤模型试验方法	GB/T 27830—2011	OECD TG-431
化学品 体外皮肤腐蚀膜屏障试验方法	GB/T 27829—2011	OECD TG-435
体外皮肤刺激测试——重构人类表皮试验方法	—	OECD TG-439

二、测试方法概述

皮肤腐蚀/刺激试验根据是否使用活体动物，分为体内试验（In Vivo）和体外试验（In Vitro）。以下情况不需要进行皮肤刺激试验：化学品为强酸或强碱（如 pH 值≤2 或≥11.5）；已知化学品有很强的经皮吸收毒性，经皮 LD_{50}<200mg/kg 体重；在经皮急性毒性试验中化学品剂量为 2000mg/kg 体重时仍未出现皮肤刺激作用。

常用的实验动物是家兔和豚鼠，物种皮肤反应的敏感性顺序为兔＞豚鼠＞大鼠＞人＞猪。

试验常用的方法是 1944 年建立的 Draize 试验（OECD TG-404）。动物替代方法利用人皮肤模型 EPISKIN™（OECD TG-431）和离体大鼠皮肤模型（OECD TG-430）进行体外皮肤腐蚀性研究，并成功通过欧洲替代方法验证中心（European Centre for the Validation of Alternative Method，ECVAM）验证，EPISKIN 模型和大鼠皮肤经皮电阻试验有良好的重现性。3 种体外方法能辨别所有类型的皮肤腐蚀物和非腐蚀物，可作为动物试验的补充。皮肤腐蚀/刺激试验方法的比较见表 4-4。

表 4-4　皮肤腐蚀/刺激试验方法的比较[6]

标准号	特点	优缺点
GB/T 21604—2008，OECD TG-404	将化学品一次性涂敷于动物健康无损的皮肤上，采用自身未经处理的皮肤为对照，在规定的间隔时间内(1h,24h,48h,72h)观察刺激或腐蚀作用并进行评分，以评价化学品对皮肤的刺激或腐蚀作用。观察期限一般不超过 14d	体内试验，经典试验。试验评分主观性强，结果重复性差，种属差异会影响其应用于人体的可靠性
GB/T 27828—2011，OECD TG-430	以大鼠皮瓣作为试验对象，利用腐蚀物可破坏皮肤角质层完整性，并影响其屏障功能的性质，通过测定皮肤电阻变化判断是否是腐蚀物	体外试验，可区分皮肤腐蚀物和非腐蚀物，不能区分子类别和皮肤刺激
GB/T 27830—2011，OECD TG-431	将化学品局部涂抹在三维人体皮肤模型上，观察特定暴露期细胞活力的下降程度,判断是否是腐蚀物	体外试验，可区分皮肤腐蚀物和非腐蚀物，不能区分子类别和皮肤刺激

标准号	特点	优缺点
GB/T 27829—2011，OECD TG-435	主要是观察化学品对人工合成的膜屏障的损伤，对膜屏障的破坏通过观察膜屏障两侧的 pH 指示剂颜色的变化等来确定	体外试验，可区分腐蚀物，并按 GHS 要求可区分子类别（如 1A）。适用于无机酸、有机酸、酸衍生物和碱类物质的鉴定。不适用 pH 值在4.5～8.5 的液体

第三节　严重眼损伤/眼刺激

一、现有测试方法和标准

化学品以一次剂量滴入每只实验动物的一侧眼睛结膜囊内，以未作处理的另一侧眼睛作为自身对照。在规定的时间间隔内，观察对动物眼睛的刺激和腐蚀作用程度并评分，以此评价化学品对眼睛的刺激作用。观察期限应能足以评价刺激效应的可逆性或不可逆性[7]。

严重眼损伤/眼刺激试验的目的为确定和评价化学品对哺乳动物眼睛是否有刺激作用或腐蚀作用及其程度。现有的国家标准见表 4-5。

表 4-5　严重眼损伤/眼刺激试验方法

国家标准名称/OECD 指南名称	国家标准号	OECD TG
化学品 急性眼刺激性/腐蚀性试验方法	GB/T 21609—2008	OECD TG-405
牛角膜浑浊和通透性试验	—	OECD TG-437
离体鸡眼试验	—	OECD TG-438
鉴别眼腐蚀性和严重刺激性的荧光素漏出试验	—	OECD TG-460
短时接触眼刺激体外试验	—	OECD TG-491
重构人角膜样上皮试验	—	OECD TG-492

二、测试方法概述

常用的方法是 Draize 试验（OECD TG-405），首选动物为白色家兔。急性眼刺激性试验结果从动物外推到人的可靠性很有限。白色家兔在大多数情况下对有刺激性或腐蚀性的物质较人类敏感。以下情况不需要进行眼睛刺激试验：化学品在室温下与空气或水接触发生自燃；化学品为有机过氧化物或过氧化物；化学品为强酸或强碱（如 pH 值≤2 或≥11.5）；已知化学品有很强的经皮吸收毒性，经皮 LD_{50}<200mg/kg 体重；在经皮急性毒性试验中化学品剂量为 2000mg/kg 体重时仍未出现皮肤刺激性作用。

有 5 种眼刺激体外试验方法：鸡胚-尿囊膜试验（hen's egg test-chorioallantoic membrane，HET-CAM）、牛角膜混浊和通透性试验（bovine corneal opacity and permeability，BCOP）、离体兔眼试验（isolated rabbit eye，IRE）、离体鸡眼试验（isolated chicken eye test method，ICE）和红细胞溶血试验（RBC hemolysis test）。化学物质在任何 5 种体外试验中如果是阴性结果，还需进行体内试验以确证具有眼刺激作用，如果是阳性结果则足够证明其具有眼刺激作用。

第四节　呼吸道或皮肤致敏

一、现有测试方法和标准

皮肤致敏反应/致敏性接触性皮炎（skin sensitization/allergic contact dermatitis，ACD）是皮肤对一种外源刺激物产生的免疫源性反应，人体这类反应的特点为瘙痒、红斑、水肿、丘疹、小水疱、大疱或兼而有之，其他物种动物的反应可有所不同，可能仅见红斑和水肿。

呼吸道致敏反应是吸入化学品后会导致呼吸道过敏的反应，人体反应的特点可表现为哮喘病，或鼻炎、结膜炎和肺泡炎之类的其他过敏反应，应有变态反应的临床特征。

试验目的是通过检测致敏的情况，判断化学品对皮肤的致敏性，通过实验动物反复接触化学品后出现的过敏反应，来预测人体接触是否出现过敏反应。可能引起呼吸道致敏反应的证据一般都基于人类经验。现有的国家标准见表 4-6。

表 4-6　呼吸道或皮肤致敏试验方法

国家标准名称/OECD 指南名称	国家标准	OECD TG
化学品皮肤致敏试验方法	GB/T 21608—2008	OECD TG-406
化学品皮肤变态反应试验局部淋巴结方法	GB/T 21827—2008	OECD TG-429
局部淋巴结试验 DA 法	—	OECD TG-442A
局部淋巴结试验 BrdU-ELISA 法	—	OECD TG-442B
直接多肽结合实验（DPRA）	—	OECD TG-442C
ARE-Nrf2 荧光素酶试验（ARE-Nrf2 Luciferase）	—	OECD TG-442D
树突状细胞激活实验	—	OECD TG-442E

二、测试方法概述

皮肤致敏测试常用的方法是化学品皮肤致敏试验方法（OECD TG-406），最常选用的动物是豚鼠，实验动物通过皮肤注射和/或皮肤涂抹的方法接触化学品，经过 10～14d 的诱导期后（此期间机体产生免疫反应），动物再次接触激发剂量的化学品，通过比较染毒组和对照组动物对激发接触产生的皮肤反应程度，判断化学品是否可以诱发过敏反应。根据是否添加福氏完全佐剂（Freund's complete adjuvant，FCA），可分为加佐剂的豚鼠最大反应试验（guinea pig maximization test，GPMT）和不加佐剂的 Buehler 试验（BT，局部封闭敷贴的方法）。上述方法试验周期较长，使用动物数较多，更重要的是评价终点是操作者的主观观察结果，缺乏客观、定量的评价指标。

1989 年，研究者提出用标准局部淋巴结分析试验（local lymph node assay，LLNA）（OECD TG-429）进行化学品皮肤致敏性评价，该方法使用小鼠，在致敏期进行评价，试验周期短，最重要的是具有客观定量的评价指标。2002 年，OECD 将 LLNA 方法列入指导原则 TG-429 中，成为一种新的皮肤致敏性评价方法。但该方法需要使用放射性元素，对试验人员和环境具有潜在的危害，使其应用受到一定限制，因此近年来在该方法基础上开发了一些不使用放射性元素的改进方法。2010 年 OECD 分别将 2 种 LLNA 改进方法列入指导原则 TG-442A 和 TG-442B 中，并相继开发了指导原则 TG-442C、TG-442D、TG-442E。

对于呼吸道致敏的评价方法，目前还没有试验指南。

第五节　生殖细胞致突变性

一、现有测试方法和标准

生殖细胞致突变性指化学品引起人类生殖细胞发生可遗传给子代的突变。

致突变效应：是指化学品或其他环境因素引起生物细胞的遗传物质发生突然改变的一种作用，这种变化的遗传物质，在细胞分裂繁殖过程中可传递给子代细胞，使其具有新的遗传特性。突变可分为基因突变、染色体畸变和基因组突变三类。基因突变只涉及染色体的某一部分，并未涉及整个染色体，是属于分子水平的变化，因此不能用普通光学显微镜直接观察。染色体畸变和基因组突变是一个或几个染色体的结构或数目发生变化，这种变化可用光学显微镜进行直接观察。

致突变物对人类健康的影响取决于靶细胞的类型。致突变作用如发生在体细胞时，则不具有遗传性质，而是使细胞发生不正常的分裂和增生，其结果可能表现为癌的形成。致突变与致癌之间的关系非常密切，很多致突变物能引起实验动物的癌症，同样很多动物致癌物也为致突变物。致突变作用如发生在生殖细胞时，可影响妇女的正常妊娠，而出现不孕、早期流产、畸胎或死胎，还会发生遗传特性的改变而影响下一代。

致突变试验的目的是检验化学品有无致突变作用，也可用作致癌物快速筛检试验。通过体内、体外试验系统，检测外源化学品对体细胞和生殖细胞产生的遗传毒性损伤，包括基因突变、DNA 损伤、染色体结构畸变、染色体数目畸变等，从而揭示化学品的潜在致突变性。在做致突变试验时，应考虑如下原则：能检测五种遗传学终点；根据不同的测试对象和目的选择试验组合，应包括体细胞突变试验和生殖细胞突变试验；指示生物应包括几个进化阶段，至少要包括原核细胞与真核细胞两个系统；应包括体内试验与体外试验。致突变试验组合策略见表 4-7。现有的国家标准见表 4-8。

表 4-7   致突变试验组合策略

试验项目	日本	欧盟	加拿大	中国
微生物回复突变试验	＋	＋	＋	＋
哺乳动物培养细胞染色体畸变试验	＋	＋	＋	＋
啮齿动物微核试验	＋	＋	＋	＋
体外真核细胞基因突变试验	＋	－	±	±

注：＋表示必须做；±表示视情况而定；－表示未要求。

判断化学品是否具有致突变性的标准为：在任一遗传学终点的生物学试验中呈现阳性反应的化学品为阳性；检测五种遗传学终点的一系列试验中均为阴性的化学品为阴性，一系列试验包括 DNA 完整性改变、DNA 重排或交换、DNA 碱基序列改变、染色体完整性改变、染色体分离改变等。确定对人具有致突变性还需要流行病学数据。

表 4-8   生殖细胞致突变性试验方法

国家标准名称/OECD 指南名称	国家标准号	OECD TG
化学品 细菌回复突变试验方法	GB/T 21786—2008	OECD TG-471
化学品 体外哺乳动物细胞染色体畸变试验方法	GB/T 21794—2008	OECD TG-473
化学品 体内哺乳动物红细胞微核试验方法	GB/T 21773—2008	OECD TG-474
化学品 哺乳动物骨髓染色体畸变试验方法	GB/T 21772—2008	OECD TG-475
化学品 体外哺乳动物细胞基因突变试验方法	GB/T 21793—2008	OECD TG-476

续表

国家标准名称/OECD 指南名称	国家标准号	OECD TG
化学品 黑腹果蝇伴性隐性致死试验方法	GB/T 27822—2011	OECD TG-477[①]
化学品 啮齿类动物显性致死试验方法	GB/T 21610—2008	OECD TG-478
化学品 体外哺乳动物细胞姊妹染色单体交换试验方法	GB/T 27820—2011	OECD TG-479[①]
化学品 遗传毒性酿酒酵母菌基因突变试验方法	GB/T 27831—2011	OECD TG-480[①]
化学品 遗传毒性酿酒酵母菌有丝分裂重组试验方法	GB/T 27832—2011	OECD TG-481[①]
化学品 体外哺乳动物细胞 DNA 损伤与修复/非程序性 DNA 合成试验方法	GB/T 21768—2008	OECD TG-482
化学品 哺乳动物精原细胞染色体畸变试验方法	GB/T 21751—2008	OECD TG-483
化学品 小鼠斑点试验方法	GB/T 21799—2008	OECD TG-484
化学品 小鼠可遗传易位试验方法	GB/T 21798—2008	OECD TG-485
化学品 体内哺乳动物肝细胞非程序性 DNA 合成(UDS)试验方法	GB/T 21767—2008	OECD TG-486
化学品 体外哺乳动物细胞微核试验方法	GB/T 28646—2012	OECD TG-487
转基因啮齿类模型基因突变试验	—	OECD TG-488
体内哺乳动物碱性彗星试验	—	OECD TG-489
胸苷激酶基因体外哺乳动物细胞基因突变试验	—	OECD TG-490

① 该方法已废止或不再采用。

二、测试方法概述[8]

在所有的致突变性测试中，为了保证试验的有效性和可重复性，进行致突变性试验时要考虑到下列因素：选择合适的生物体和生长条件；对基因型和表型的监测；有效的试验设计和处理条件；合适的阳性和阴性对照；合适的代谢活化系统；合理的数据分析方法等。

微生物回复突变试验可用微生物或哺乳动物细胞株进行。一般多将突变型微生物或哺乳动物突变型细胞株接触化学品后，检查其再次发生突变的情况。最经典的试验是 Ames 试验（OECD TG-471），常用的菌株有组氨酸营养缺陷型鼠伤寒沙门菌和色氨酸营养缺陷型大肠杆菌。该方法优点是试验周期短、敏感、检出率高、费用低；缺点是与哺乳动物或人差别大，存在假阳性、假阴性，不适于有杀菌作用的化学品。

染色体畸变分析是经典的遗传学试验方法，包括体外试验和体内试验，试验对象包括体细胞和生殖细胞。体外染色体畸变试验常用中国仓鼠卵巢细胞、中国仓鼠肺细胞及外周血淋巴细胞等进行试验；体内染色体畸变试验常用动物骨髓细胞和睾丸精原细胞进行试验。体内试验结果可靠，但试验工作量较大、操作烦琐、周期长。多用哺乳类细胞株体外试验代替整体动物试验，优点是取材于哺乳动物或人类，可以直接应用于人体，短时间内得到结果并可进行定量的、统计学处理；缺点是体外试验一般较易诱发突变。

骨髓细胞微核检验，可以反映染色体经致突变物作用发生断裂后出现的微核。目前应用最多的是啮齿类动物骨髓多染红细胞微核试验。由于微核易于辨认，适用于致突变物的初步筛检。其缺点为个体差异较大，且不够灵敏。

黑腹果蝇伴性隐性致死试验，是利用隐性基因在伴性遗传中的交叉遗传特征而设计的。该法的优点是世代周期短、繁殖率高；缺点是与哺乳动物生殖腺和循环系统的结构差异较大，结果外推时要慎重。

啮齿类动物显性致死试验，是观察哺乳动物生殖细胞染色体损伤的一种方法。生殖细胞在减数分裂期和受精期最易发生突变，突变后失去与异性生殖细胞结合的能力，以致总着床数减少或早期胚胎死亡及畸胎等现象。结果有统计学意义且有剂量反应关系时，判定为阳性显性致死效应。

姊妹染色单体交换分析，是在致突变物作用下组成一条染色体的两个染色单体之间发生部分交换，其出现频率与染色体畸变率呈相关关系，操作简便，反应亦较灵敏，近年来应用较多。

单细胞凝胶电泳试验（single cell gel eletrophoresi，SCGE），又称彗星试验，是一种近年发展起来的在单细胞水平上检测有核细胞 DNA 损伤与修复的方法，可进行体外试验和体内试验。优点是检测低水平 DNA 损伤的敏感性高，对样品的细胞数要求少，适应性高，费用低，操作简便，时间短；缺点是有待于标准化和为部分国家法规结构接受。

第六节 致 癌 性

一、现有测试方法和标准

致癌性试验是对不同剂量组的实验动物在大部分生命周期通过经口、吸入或经皮每天染毒。试验期间密切观察实验动物的毒性体征及肿瘤发展情况。对试验过程中死亡动物和处死动物进行解剖检查，试验结束时处死存活动物并剖检。目的是通过与并行对照组的比较，根据肿瘤发生数增加、恶性肿瘤比例上升、肿瘤出现时间缩短等变化来鉴定化学品的致癌性，确定致癌性的靶器官和富集性，以及肿瘤的剂量反应关系等。试验还可提供对化学品毒性作用的无可见不良反应水平的评估，对于非遗传毒性致癌物，可用于建立人类暴露的安全标准。现有的国家标准见表 4-9。

表 4-9 致癌性试验方法

国家标准名称/OECD 指南名称	国家标准号	OECD TG
致癌性试验	—	OECD TG-451
化学品 慢性毒性与致癌性联合试验方法	GB/T 21788—2008	OECD TG-453

二、测试方法概述

传统致癌性试验（OECD TG-451）常用的啮齿类动物是大鼠，小鼠亦可，一般为 1.5～2 年期试验，实验动物用量大、周期长、试验费用高、结果易受背景肿瘤干扰而不准确。20 世纪 80 年代早期，转基因、基因敲除技术的发明和对癌症发生机理的认识进一步增强，推动了新一代试验模型的研发。20 世纪末，由欧盟、美国和日本组成的人用药品注册技术要求国际协会（International Council for Harmonisation of Technical Requirments for Pharmaceuticals for Human Use，ICH）发布了药物致癌性检验（S1B：Test for Carcinogenicity of Pharmaceuticals）的指导原则，采用遗传修饰小鼠模型进行短/中期致癌试验来作为临床前安全性评价中大鼠长期致癌性试验的附加试验。通过将致癌或抑癌基因转入或敲除，建立了 5 种常见的遗传修饰小鼠模型（CB6F1-TgrasH2、Tg. AC、C57BL/6N5-Trp53$^{+/-}$、XPA$^{-/-}$、XPA$^{-/-}$/p53$^{+/-}$）。

附加试验的优点是试验周期短（小鼠 6～9 个月）、实验动物少（15～20 只/性别/组，原动物用量的 1/5）、遗传背景一致（减少了个体差异的影响）、可区分肿瘤原因是基因毒性还是表观遗传学修饰、可获得靶组织特异性的肿瘤诱导反应等；其缺点是不能 100% 检测出人类致癌物、靶器官应用有限、对基因毒性和非基因毒性致癌物的反应不一致、缺乏统一认可的试验等。

第七节 生殖毒性

一、现有测试方法和标准

生殖是使种族延续的各种生理过程的总称，包括配子发生、交配、受精、着床、胚胎形成与发育、分娩和哺乳等阶段。生殖毒性指的是一种物质在繁殖周期的任何一个阶段中所产生的毒副作用，既包括外源物质对亲代生殖功能的影响，也包括对子代发育过程的有害影响。

生殖毒性检测主要以动物试验为主，包括孕期发育毒性试验（OECD TG-414）、一代繁殖毒性试验及相关试验（OECD TG-415、OECD TG-421、OECD TG-422）、两代繁殖毒性试验（OECD TG-416）。发育毒性是指生物体从受精卵、出生前发育和出生后到性成熟期间暴露化学品所产生的有害效应。孕期发育毒性试验一方面是为了鉴定化学污染物有无孕期发育毒性；另一方面是确定化学胚胎毒作用的阈剂量。一代繁殖毒性试验可提供化学品对雌性和雄性生殖行为的影响。两代繁殖毒性试验可提供化学品对雄性和雌性生殖系统的完整性和功能的影响的一般信息，评估对子一代和子二代生长和发育的影响。现有的国家标准见表4-10。发育毒性试验提供初步信息，包括交配、受孕、分娩、哺乳、子代生长发育、致畸作用等。

表 4-10　生殖毒性试验方法

国家标准名称/OECD指南名称	国家标准号	OECD TG
孕期发育毒性试验	—	OECD TG-414
化学品 一代繁殖毒性试验方法	GB/T 21607—2008	OECD TG-415[①]
化学品 两代繁殖毒性试验方法	GB/T 21758—2008	OECD TG-416
化学品 生殖/发育毒性筛选试验方法	GB/T 21766—2008	OECD TG-421
化学品 重复剂量毒性合并生殖/发育毒性筛选试验方法	GB/T 21771—2008	OECD TG-422
神经发育毒性试验	—	OECD TG-426
扩展的一代繁殖毒性试验	—	OECD TG-443
利用稳定转染细胞系检测雌激素受体激动剂的体外转录激活试验(雌二醇受体转录试验)	—	OECD TG-455

①该方法已废止或不再采用。

二、测试方法概述

化学品的生殖/发育毒性有两个显著的特点：一是生殖系统较机体的其他系统对化学品的毒作用更为敏感；二是损害作用不仅影响母体本身，还可影响其后代。为了检测化学品对生殖周期内不同器官的毒作用，OECD发布了8个相关试验指南，大部分是动物试验方法。常用的动物包括大鼠和兔，某些试验也可以用小鼠。2008年OECD发布了《扩展的一代繁殖毒性试验》（TG-443），该试验优化了试验过程和检测指标，增加了发育神经毒性和免疫毒性的评价，减少了动物使用，可替代一代和二代繁殖毒性试验（TG-415、TG-416）和特定的发育毒性试验（TG-414、TG-426）。

鉴于哺乳类动物繁殖过程的复杂性，通过体外试验系统模拟整个繁殖周期

来检测某种化学品的生殖毒性还不可能。2009 年 OECD 发布了首个生殖毒性
试验替代方法雌二醇受体转录试验（TG-455）。体外生殖/发育毒性检测通常
利用哺乳动物胚胎、原代培养的胚胎细胞和永久细胞系进行。对全胚胎培养法
（whole embryo culture，WEC）、微团培养法（micromass culture，MM）和胚
胎干细胞检测法（embryonic stem cell test，EST）3 种体外方法进行验证，其
体外试验结果与体内数据（人和动物）有高度相关性。利用爪蟾胚胎（非洲蟾
蜍胚胎）致畸实验（frog embryo teratogenesis assay-xenopus，FETAX）法进
行器官发生研究，用于人类发育毒素和致畸物的预测，其准确性高达 85%，
具有良好的预测能力，被欧洲替代方法验证中心 ECVAM 批准，用于人类致
畸物的筛选。

第八节　特异性靶器官毒性-一次接触

特异性靶器官毒性（一次接触）指一次接触物质和混合物引起的特异性、
非致死性的靶器官毒性作用。目前国际上尚未建立针对性的试验方法，通常是
经急性毒性试验，通过解剖和器官病理学检查，获得受试动物短期接触化学品
所导致靶器官毒性的数据和机理，然后对其有效效应进行评估和判定。现有的
国家标准参见急性毒性试验方法。

第九节　特异性靶器官毒性-反复接触

一、现有测试方法和标准

特异性靶器官毒性-反复接触指反复接触物质和混合物引起的特异性、非
致死性的靶器官毒性作用，包括所有明显的健康效应，可逆的和不可逆的、即
时的和迟发的功能损害。

目前国际上尚未建立特异性靶器官毒性的针对性试验方法，通常通过亚急
性、亚慢性、慢性毒性试验结果进行判断。将实验动物分成若干组，每天按设
定的剂量给各组动物经口、经皮或吸入染毒 28 天/90 天或 12 个月，染毒期间
每天仔细地观察毒性反应（中毒体征），定期进行血液、尿液及临床生化检查。
在试验期间死亡或处死的动物均需进行大体解剖，试验结束后将全部动物处
死，作大体解剖和留样作组织病理学检查。现有的国家标准见表 4-11。

表 4-11　特异性靶器官毒性-反复接触试验方法

国家标准名称/OECD 指南名称	国家标准号	OECD TG
化学品 啮齿动物 28 天重复剂量经口毒性试验方法	GB/T 21752—2008	OECD TG-407
化学品 啮齿类动物亚慢性经口毒性试验方法	GB/T 21763—2008	OECD TG-408
化学品 非啮齿类动物亚慢性(90 天)经口毒性试验方法	GB/T 21778—2008	OECD TG-409
化学品 21 天/28 天重复剂量经皮毒性试验方法	GB/T 21753—2008	OECD TG-410
化学品 亚慢性经皮毒性试验方法	GB/T 21764—2008	OECD TG-411
化学品 28 天/14 天重复剂量吸入毒性试验方法	GB/T 21754—2008	OECD TG-412
化学品 亚慢性吸入毒性试验方法	GB/T 21765—2008	OECD TG-413
化学品 有机磷化合物 28 天重复剂量的迟发性神经毒性试验	GB/T 21797—2008	OECD TG-419
化学品 啮齿类动物神经毒性试验方法	GB/T 21787—2008	OECD TG-424
化学品 慢性毒性试验方法	GB/T 21759—2008	OECD TG-452

二、测试方法概述

亚急性、亚慢性、慢性试验常用的啮齿类实验动物是大鼠，小鼠亦可。常用的非啮齿类实验动物是犬。不推荐使用灵长类动物。

28 天亚急性试验可用于化学品毒性的判定、剂量反应关系和可见有害效应水平（no observable adverse effect level，NOAEL）的确定，同时为 90 天亚慢性毒性试验和慢性毒性试验研究中剂量水平的选择、靶器官的判定、动物种属的选择、观察指标（毒性终点）的选择提供必要的数据，为是否需要进行神经毒性、生殖毒性及免疫毒性试验提供信息。90 天亚慢性毒性试验可提供主要的毒性效应信息，指出靶器官和蓄积的可能性，并提供可见有害效应水平（NOAEL）估计值，可揭示化学品潜在的神经毒性、免疫和生殖器官毒性效应。12 个月慢性毒性试验可确定化学品的慢性毒性、慢性毒性的靶器官、描述剂量反应关系、确定无可见有害效应水平（NOAEL）。

反复接触毒性试验等体内毒性试验已经被广泛应用于各个领域，但该方法存在实验动物浪费严重、动物模型不完善、物种差异可能导致错误评估等问题。但是目前尚没有有效的替代动物试验方法被广泛接受，ECVAM 曾讨论和总结了过去的各种体外试验，认为该类替代试验还处于发展阶段，尚不能有效预测反复接触毒性。

第十节 吸入危害

吸入危害指液态或固态化学品通过口腔或鼻腔直接进入，或者因呕吐间接进入气管和下呼吸系统而引起的吸入性肺炎甚至死亡。目前国际上尚未建立吸入毒性的动物试验方法，一般通过人类经验数据或测定烃类的运动黏度进行判断。

参考文献

[1] OECD 健康危害测试方法，https：//www.oecd-ilibrary.org/environment/oecd-guidelines-for-the-testing-of-chemicals-section-4-health-ffects_20745788/titleasc? componentsLanguage =。en&page=1.

[2] OECD 废止或删除的测试方法.http：//www.oecd.org/env/ehs/testing/section4-health-effects-replaced-and-cancelled-test-guidelines.htm.

[3] EPA 健康危害测试方法.https：//www.epa.gov/test-guidelines-pesticides-and-toxic-sub-stances/series-870-health-effects-test-guidelines.

[4] 陈会明，宋乃宁.化学品风险管理毒理学技术进展.中国科协年会，2009.

[5] 肖经纬，等.3种急性经口毒性试验方法的比较.毒理学杂志，2007，21（2）：135.

[6] 梅庆慧，王红松，等.化学品危害性分类与信息传递和危险货物安全法规.上海：华东理工大学出版社，2018.

[7] 环境保护部化学品登记中心，《化学品测试方法》编委会.化学品测试方法 健康效应卷.北京 中国环境出版社，2013.

[8] 周宗灿.毒理学教程.3版.北京：北京大学医学出版社，2006.

第五章

化学品环境危害鉴定

第一节　急性水生毒性

一、现有测试方法和标准

急性水生毒性是判断危害水生环境（急性危害）的主要依据，试验主要包括鱼类急性毒性测试、溞类急性毒性测试和藻类生长抑制测试。对于混合物的急性水生毒性，除通过试验测试确定以外，还可以对混合物中所有或部分组分已掌握的毒性数据进行计算确定。

鱼类急性毒性测试应根据《化学品 鱼类急性毒性试验》（GB/T 27861）或等效试验准则确定鱼类的 96h LC_{50}；溞类急性毒性测试应根据《化学品 溞类急性活动抑制试验》（GB/T 21830）或等效试验准则确定溞类的 48h EC_{50}（median effect concentration）；藻类生长抑制测试应根据测试标准《化学品 藻类生长抑制试验》（GB/T 21805）或等效试验准则确定藻类的 72h 或 96h EC_{50}；混合物急性毒性计算可按《化学品分类和标签规范 第 28 部分：对水生环境的危害》（GB 30000.28）中规定的方法进行估算[1]。

二、测试方法概述

1. 鱼类急性毒性测试

目前，国内涉及鱼类急性毒性的国家标准主要包括《水质物质对淡水鱼（斑马鱼）急性毒性测试方法》（GB/T 13267—91）、《工业废水的试验方法 鱼类急性毒性试验》（GB/T 21814—2008）、《化学品 鱼类急性毒性试验》（GB/T 27861—2011）、《化学品 稀有鮈鲫急性毒性试验》（GB/T 29763—2013）、《化学农药环境安全评价试验准则 第 12 部分：鱼类急性毒性试验》（GB/T

31270.12—2014）等。国外涉及鱼类急性毒性的标准主要包括《鱼类急性毒性试验》（OECD TG 203）、《鱼类急性毒性试验》（EU Method C.1）、《淡水以及海水鱼类急性毒性试验》（EPA OCSPP 850.1075）、《鱼类、大型无脊椎动物和两栖动物急性毒性测试指南》 （ASTM E729—96）等。其中，GB/T 27861—2011、EU Method C.1 都是根据 OECD TG—203 制定的，技术内容完全一致；GB/T 29763—2013 是根据 GB/T 27861—2011 针对稀有鮈鲫急性毒性测试制定的标准；EPA OCSPP 850.1075 是协调统一了 OECD TG-203、ASTM E729—96 等诸多标准的要求形成的标准。虽然上述标准都能用于鱼类急性毒性测试，但是应优先选择符合 OECD 试验准则的方法。上述试验适用于性质稳定、低挥发性的可溶性化学品。对于不稳定物质、难溶物质、络合物等难以进行试验的化学品，需要利用特殊的方法进行处理。

鱼类急性毒性试验主要包括以下几个重要步骤：试验准备、预试验、正式试验和数据处理（主要内容见表 5-1）。当化学品的饱和溶解度大于 100 mg/L 时，可以增加限度试验，如果无鱼类死亡，可判断急性毒性大于 100 mg/L 时，不进行正式试验；如果出现死亡，则进行正式试验。

表 5-1　鱼类急性毒性试验重要步骤[2-5]

重要步骤	关注点	详情
试验准备	试验鱼的选择	健康、无畸形。首选本土鱼类稀有鮈鲫(*Gobiocyprisrarus*)
	试验鱼的驯养	试验之前，必须在试验室至少暂养 12d。 临试验前，必须在一定条件下至少驯养 7 d，在驯养开始 48 h 后，做好死亡记录,7d 死亡率小于 5% 的可用于试验,大于等于 5% 的按一定标准处理
	试验用水	高质量的自然水或标准稀释水,也可以使用饮用水,必要时除氯。水的总硬度(以 $CaCO_3$ 计)为 10 ～250mg/L,pH 值为 6.0～8.5
	试验溶液	稀释储备液配制试验溶液。低水溶性化学品储备液的配制。使用助溶剂时,应加设对照试验 pH 值调节的注意事项
	暴露条件	承载量、光照、稳定、溶解氧浓度、禁食、干扰等
预试验	浓度范围设置	较大范围的浓度组
	试验鱼用量	每个浓度组不少于 5 尾
正式试验	浓度组	至少 5 组,几何级数排布,浓度间隔系数≤2.2
	对照组	一个空白对照组,如果使用溶剂,增设溶剂对照组
	试验鱼	每组至少 7 尾;随机分组,并在 30min 内完成
	试验周期	96h
	条件控制	禁食,至少 60% 饱和溶解氧含量
	死亡判断	无肉眼可见运动,如鳃的扇动,触碰尾柄无反应等

续表

重要步骤	关注点	详情
正式试验	受试物浓度测定	静态法,至少在试验开始和结束时对容器中溶液测定一次; 半静态法,至少在试验开始、每一次更新前后和结束时对容器中溶液测定一次; 流水式,至少在试验开始、中期和结束时对母液和容器中溶液测定一次
限度试验	试验组	浓度为100mg/L,设对照组
	试验鱼用量	每组至少7尾
数据处理	标准方法统计	直线内插法等常用统计程序计算LC_{50}
	非标准方法统计	如无法用标准方法计算LC_{50},可用LC_0和LC_{100}的几何平均值估算LC_{50}
	置信区间	如以标准方法统计,计算95%置信区间

为确保数据质量,测试试验需要符合以下条件:

① 试验期间尽可能维持恒定条件。如有必要,应使用半静态或流水式试验。

② 试验结束时,对照组与死亡率不大于10%,如果每组鱼不到10尾则对照组不能出现死亡。

③ 试验期间,试验溶液的溶解氧含量不低于60%饱和值。

④ 试验期间,受试物实测浓度不小于80%配制浓度。如果试验期间实测浓度与配制浓度相差超过20%,以实测浓度平均值来确定试验结果。

2. 溞类急性毒性测试

目前,国内涉及溞类急性毒性的国家标准主要包括《水质物质对溞类(大型溞)急性毒性测试方法》(GB/T 13266—91)、《化学品 溞类急性活动抑制试验》(GB/T 21830—2008)、《大型溞急性毒性实验方法》(GB/T 16125—2012)和《化学农药环境安全评价试验准则 第13部分:溞类急性活性抑制试验》(GB/T 31270.13—2014)等。国外涉及溞类急性毒性的标准主要包括《溞类急性活性抑制试验》(OECD TG-202)、《溞类急性活性抑制试验》(EU Method C.2)、《水生无脊椎动物急性毒性试验,淡水溞类》(EPAO CSPP 850.1010)、ASTM E729—96、《水质-大型溞(枝角目,甲壳纲类)活动抑制测定-急性毒性》(ISO 6341:2012)等。其中,GB/T 21830—2008、EU Method C.2 都是根据 OECD TG-202 制定的,技术内容完全一致;GB/T 13266—91 是根据 ISO 6341:1982 制定的,GB/T 16125—2012 是根据 ISO 6341:1996 制定的,但是这两个标准都没有引用最新的 ISO 标准;EPA OC-SPP 850.1010 是协调统一了 OECD TG-202、ASTM E729—96 等诸多标准的要求形成的标准。虽然上述标准都能用于溞类急性毒性测试，但是应优先选择符合 OECD 试验准则的方法。上述试验适用于性质稳定、低挥发性的可溶性化学品。对于不稳定物质、难溶物质、络合物等难以进行试验的化学品，需要利用特殊的方法进行处理。

　　溞类急性活动抑制试验主要包括以下几个重要步骤：试验准备、预试验、正式试验和数据处理（主要内容见表 5-2）。可通过限度试验优化试验程序，确定是否需要进行正式试验。限度浓度的浓度为 100mg/L 或受试物在试验溶液下的饱和浓度（二者中选浓度低者），如果限度试验的试验结果表明溞类抑制率≤10%，可判断 EC_{50} 大于限度浓度，不进行正式试验；如果溞类抑制率 >10%，则进行正式试验。

表 5-2　溞类急性活动抑制试验重要步骤[5-7]

重要步骤	关注点	详情
试验准备	试验溞的选择	小于 24h 的非头胎溞；源于同一保种培养的健康溞。首选大型溞（*Daphnia magna*）
	试验溞的驯养	保种培养条件与试验条件一致；试验之前最好设置驯养期，一般应在试验条件下驯养至少 48h
	试验用水	适用于培养溞类的任何水。对于大型溞,pH 值为 6～9,硬度（以 $CaCO_3$ 计）为 140～250mg/L,溶液氧浓度饱和
	试验溶液	稀释储备液配制试验溶液。尽量避免使用助溶剂、乳化剂或分散剂,如果确需使用,应加设对照试验。 pH 值调节的注意事项
	培养条件	18～22℃,温度变化不超过 1℃；光照周期（光暗比）为 16h：8h；若受试物易光解,可在全暗条件下进行
预试验	浓度范围设置	较大范围的浓度组
	试验溞用量	每个浓度组 5 只,不设平行
正式试验	浓度组	至少 5 组,几何级数排布,浓度间隔系数≤2.2
	对照组	一个空白对照组,如果使用溶剂,增设溶剂对照组
	试验溞	每个浓度组和对照组至少要用 20 只,最好分成 4 组,每组 5 只
	试验周期	48h
	条件控制	不充气、不调节 pH、禁食
	观察	观察并分别记录 24 h 和 48 h 溞类的受抑制情况。除活动受抑制外,其他任何异常症状或表现均应记录
	分析测量	在试验开始和结束时,测定对照组和最高浓度组试验溶液的溶液氧浓度和 pH 值 至少在试验开始和结束时,分别测定最高浓度组和最低浓度组试验溶液中受试物的浓度

重要步骤	关注点	详情
限度试验	试验组	浓度为 100 mg/L 或受试物在试验溶液下饱和浓度(二者中选浓度低者),设对照组
	试验溞用量	浓度组和对照组都用 20 只,最好分成 4 组,每组 5 只
数据处理	标准方法统计	以抑制百分率与受试物浓度作为剂量-效应曲线,选择适合的统计方法(如概率单位法)计算 24 h(可选)和48h 的 EC_{50}
	非标准方法统计	如无法用标准方法计算时,可用无抑制作用的最高浓度和引起 100% 抑制的最低浓度以浓度几何平均值估算 EC_{50}
	置信区间	如以标准方法统计,计算 95% 置信区间

为确保数据质量,测试试验需要符合以下条件:

① 试验结束时,对照组中溞类的受抑制率不能超过 10%,其受抑制情况包括:活动受抑制、有疾病症状或受损伤,例如变色、行为异常(如漂浮于液面)等。

② 试验结束时,对照组和试验组的溶解氧浓度应不低于 3mg/L。

3. 藻类生长抑制测试

目前,国内涉及藻类生长抑制测试的国家标准主要包括《化学品 藻类生长抑制试验》(GB/T 21805—2008) 和《化学农药环境安全评价试验准则 第 14 部分:藻类生长抑制试验》(GB/T 31270.13—2014) 等。国外涉及溞类急性毒性的标准主要包括《藻类生长抑制试验》(OECD TG-201)、《藻类生长抑制试验》(EU Method C.3)、《藻类毒性 Ⅰ、Ⅱ级》(EPA OCSPP 850.5400) 等。其中,GB/T 21805—2008、EU Method C.3 都是根据 OECD TG-201 制定的,技术内容完全一致;EPA OCSPP 850.5400 是协调统一了 OECD TG-201、OPPTS 测试导则等诸多标准的要求形成的标准。虽然上述标准都能用于藻类生长抑制测试,但是应优先选择符合 OECD 试验准则的方法。上述试验适用于性质稳定、低挥发性的化学品。对于不稳定物质、络合物等难以进行试验的化学品,需要利用特殊的方法进行处理。

藻类生长抑制试验主要包括以下几个重要步骤:试验准备、预试验、正式试验和数据处理(主要内容见表5-3)。如果预试验结果表明受试物在 100 mg/L 或在试验条件下的饱和浓度(低于 100 mg/L)时未对藻类产生任何可观察效应,可采取限度试验作为正式试验。

表 5-3 藻类生长抑制试验重要步骤[5,8,9]

重要步骤	关注点	详情
试验准备	试验藻的选择	选择不易附着于瓶壁的绿藻和蓝藻
	试验藻储备培养	藻种可在试管内固体培养基斜面上保存。如果经常进行试验,应在液体培养基中保存。应在无菌室中进行操作,避免藻种受到污染。检查藻类生产情况,确保其生长良好
	试验藻预培养	接种到新鲜无菌培养基,与试验要求相同条件下培养;应使藻类在 2~4d 内达到指数生长,镜检确认藻类生长是否良好
	试验用水	无菌蒸馏水或去离子水
	试验溶液	如果受试物易溶于水,用灭菌处理的新鲜培养基配制受试物储备液,浓度为测试浓度的 2 倍。 如果受试物难溶于水,可选择适当溶剂,如丙酮、t-丁基乙醇、二甲基甲酰胺等制备储备液,浓度为测试浓度的 10^4 倍
	培养条件	使用 OECD 和 AAP 的藻类培养基。 试验温度 21~24℃,温差不大于 2℃。 连续均匀光照,光照强度和条件应适宜被试生物
预试验	浓度范围	较大范围的浓度组,不设平行组。预试验浓度可按对数间距排布,最低浓度为受试物检测下限,最高浓度为饱和浓度
正式试验	浓度组	至少 5 组,几何级数排布,浓度范围在对藻类产生 5%~75% 生长抑制效应之间,浓度间隔系数≤3.2
	对照组	设空白对照组,如果使用溶剂,增设溶剂对照组。每个对照组至少设 3 个平行
	试验周期	72h。为满足质量保证和质量控制要求,可根据实际情况缩短或延长试验周期
	藻类生长测定	试验开始后,每隔 24 h 少量采样进行一次生长情况测定。测定项目包括藻细胞浓度、光密度或叶绿素等
	分析检测	在试验开始和结束时,应测定对照组和各浓度组试验溶液 pH 值,一般情况下 pH 值的差异应小于 1.5。 试验开始和试验期间定期采样测定,以确定各浓度组溶液的初始浓度以及试验期间的实际浓度。如果试验期间的实际浓度能维持在设定浓度(或初始浓度)±20% 范围内,那么只需要在试验开始和结束时测定最高浓度组、最低浓度组和接近 50% 生长抑制浓度组中的受试物浓度;反之,则需要测定各浓度组的受试物浓度。 结果计算以测定浓度为准。如果测定浓度在设定浓度(或初始浓度)±20% 范围内,可以用设定浓度(或初始浓度)计算;如果超出范围,则使用测定浓度的几何平均值或受试物浓度下降的模型进行结果计算
	试验观察	试验结束时,镜检试验液中藻细胞是否健康正常,并记录任何异常情况,如畸形等(暴露于受试物引起的)

续表

重要步骤	关注点	详情
限度试验	试验组	浓度为 100mg/L 或受试物在试验溶液下的饱和浓度（低于 100mg/L），设对照组。各组至少设 6 个平行
数据处理	回归分析统计	以受试物浓度为横坐标，比生长率（试验期间每天生物量的增长）的抑制率或生长量（试验期间生物量的增长）的抑制率为纵坐标，作回归曲线，即为剂量-效应曲线。采用内插法或其他计算机软件统计得出 EC_{50}、EC_{10} 或 EC_{20} 等关键数值
	非回归分析统计	采用直线内插法统计
	置信区间	计算 95% 置信区间
	其他因素干扰	生长刺激、非受试物毒性引起的藻类生长抑制

为确保数据质量，测试试验需要符合以下条件：

① 试验开始的 72h 内，对照组藻细胞呈指数增长且浓度应至少增加 16 倍，即比生长率不小于 0.92/d。如果使用了生长较慢的藻种，可能该指标不能满足，应延长试验周期，直至满足该条件。同时，也可缩短试验周期，但至少应为 48h 且供给充足，对照组同样满足该条件。

② 试验各阶段，如 0~1d、1~2d 和 2~3d，对照组比生长率的变异系数的平均值小于 35%。

③ 整个试验期间，如使用羊角月牙藻（*Pseudokirchneriella subcapitata*，旧称 *Selenastrum capricornutum*）和栅藻（*Desmodesmus subspicatus*），对照组各平行比生长率的变异系数不超过 7%，其他推荐藻类不超过 10%。

第二节　慢性水生毒性

一、现有测试方法和标准

慢性水生毒性是判断危害水生环境（长期危害）的主要依据，试验主要包括鱼类慢性毒性测试、溞类慢性毒性测试。对于混合物的慢性水生毒性，除通过试验测试确定以外，还可以对混合物中所有或部分组分已掌握的毒性数据进行计算确定。

鱼类慢性毒性测试可根据《化学品　鱼类早期生活阶段毒性试验》（GB/T 21854）或等效试验准则确定鱼类的 NOEC 或 EC_x；溞类慢性毒性测试应根据《大型溞繁殖试验》（GB/T 21828）或等效试验准则确定溞类的 NOEC 或 EC_x。藻类因为生命周期较短，慢性毒性与急性毒性的比值很窄，因此其确定的慢性毒性 NOEC 不能单独作为慢性毒性指标，用于危害水生环境（长期危害）的分类。混合物慢性毒性计算可按《化学品分类和标签规范第 28 部分：对水生环境的危害》（GB 30000.28）中规定的方法进行估算。

二、测试方法概述

1. 鱼类慢性毒性测试

目前，国内涉及鱼类慢性毒性的国家标准主要包括《化学品 鱼类早期生活阶段毒性试验》（GB/T 21854—2008）、《化学品 鱼类幼体生长试验》（GB/T 21806—2008）等。国外涉及鱼类慢性毒性的标准主要包括《鱼类早期生活阶段毒性试验》（OECD TG-210）、《鱼类幼体生长试验》（OECD Guideline 215）、《鱼类幼体生长试验》（EU Method C.14）、《鱼类早期阶段生长试验》（EPA OPPTS 850.1400）、《鱼类全生命周期毒性》（EPA OCSPP 850.1500）、《鱼类早期阶段生长试验测试指南》（ASTM E1241-05）等。其中，GB/T 21854—2008 是根据 OECD TG-210 制定的，技术内容完全一致；GB/T 21806—2008、EU Method C.14 是根据 OECD TG-215 制定的，技术内容完全一致；EPA OPPTS 850.1400 是协调统一了 OECD TG-210、ASTM E1241-05 等诸多标准的要求形成的标准。虽然就测试方法而言，鱼类早期生活阶段毒性试验是一种敏感生命阶段的亚慢性试验，并非真正的"慢性"试验，但是该试验相比鱼类生命周期研究数据更易于获得，因此被广泛用于预测鱼类的慢性毒性。上述试验适用于性质稳定、低挥发性的可溶性化学品。对于不稳定物质、难溶物质、络合物等难以进行试验的化学品，需要利用特殊的方法进行处理。

鱼类早期生活阶段毒性试验主要包括以下几个重要步骤：试验准备、正式试验和数据处理（主要内容见表 5-4）。

表 5-4　鱼类早期生活阶段毒性试验重要步骤[5,11,12]

重要步骤	关注点	详情
试验准备	试验鱼的选择	首选稀有鮈鲫（*Gobiocyprisrarus*）和斑马鱼（*Barchydaniorerio*）
	亲鱼的驯养	繁殖前，应在符合下列条件的环境中至少驯养 14 d；与试验鱼种相适宜的温度；每天 12～16 h 光照；至少 80% 的饱和溶解氧；不做任何疾病处理；每天喂食，提供多样化的饲料。 喂养、繁殖操作符合标准要求（不同物质要求不一）
	试验用水	曝气除氯的自来水，高质量的天然水或标准稀释水
	试验溶液	流水式试验必须具备受试物储备液连续分配和稀释系统。 必要时可使用溶剂或分散剂（助溶剂）。 半静态试验，将存活的受精卵或仔鱼移入新试验液，或将受试生物留在试验容器内，更新 2/3 以上的试验溶液

重要步骤	关注点	详情
正式试验	胚胎和仔鱼的处理	与亲鱼隔离。转移仔鱼时,不得暴露于空气,也不得用网具捞出
	暴露条件	持续时间:卵受精后开始试验。囊胚开始分裂前,将其浸入试验液中。试验持续到对照组鱼能自由摄食。 负荷:受精卵数量应满足统计学需要。受精卵随机分配,每个浓度组至少 60 粒,并平均分配到两个平行组。溶液中溶解氧浓度至少保持为饱和浓度的 60%。流水式试验中,24 h 流量的负荷率不超过 0.5 g/L,容器内溶液的负荷率不超过 5 g/L 光照和温度:光周期和水温应适合受试生物 喂食:对不同生长阶段的鱼适时适量投饵。及时清除剩余食物和粪便
	浓度组	根据 96h LC$_{50}$ 值设定试验浓度,最高浓度组不超过 96h LC$_{50}$ 值或 10mg/L。至少 5 组,几何级数排布,浓度间隔系数≤3.2 避免使用助溶剂,如必须使用,其浓度不超过 0.1 mL/L,且应保持相同
	对照组	一个稀释水对照组,如果使用助溶剂,增设溶剂对照组
	分析测量频次	试验期间,定期 5 次测定受试物浓度,如试验持续时间超过 1 个月,每周测定一次。必要时对样品进行过滤或离心 试验期间,每周测量一次溶解氧、盐度和温度。试验开始和结束时,测量 pH 值和硬度。连续测量一个试验容器的温度
	观察	胚胎发育阶段:准确记录试验开始时胚胎发育所处的时期 孵出和存活:每天观察一次孵出和存活情况,记录数量。小心移走死亡的胚胎、仔鱼和稚鱼 异常标准记录:根据试验周期和出现畸形的类型,定期记录畸形仔鱼或鱼的数量。及时清除死亡的畸形个体 异常行为记录:根据试验周期定期记录异常行为,如呼吸急促、不协调的游动、反常的静止和异常的摄食等
	试验鱼的测量	试验结束时,对所有存活的鱼进行称重 试验结束时,逐一测量鱼体长度;测量指标可用标准长(即体长)或全长。如尾鳍腐烂或腐蚀,应采用标准长
数据处理	统计参数	部分或全部统计如下参数:累计死亡率;试验结束时的健康鱼数;开始孵出和全部孵出的时间;每天孵出仔鱼数;存活个体的长度和重量;畸形仔鱼数;呈现异常行为的鱼数
	统计分析方法	采用方差分析或列联表方法分析浓度组间的变异。对于平行组间差异很小的数据,可使用邓恩特(Dunnett's Test)方法对各浓度组与对照组之间的结果进行多重比较

为确保数据质量,测试试验需要符合以下条件:

① 试验期间,溶解氧浓度应在 60%~100%空气饱和度。

② 试验期间任何时候，各试验容器之间或各连续时间内的水温差不能超过±1.5℃，且应在受试生物适宜的温度范围内。

③ 受试物浓度保持在平均测量值的±20％范围内。

④ 在对照组和相应的溶剂对照组中，受精卵的总成活率不能低于规定的限定值。

⑤ 使用助溶剂时，应设置溶剂对照组以证明其对受试生物在早期生活阶段的存活无显著影响，也不会带来其他任何不利影响。

2. 溞类慢性毒性测试

目前，国内涉及溞类慢性毒性的国家标准主要有《化学品 大型溞繁殖试验》（GB/T 21828—2008）等。国外涉及溞类慢性毒性的标准主要包括《大型溞繁殖试验》（OECD TG-211）、《大型溞繁殖试验》（EU Method C.20）、《水溞慢性毒性试验》（EPA OPPTS 850.1300）、《水溞生命周期试验的测试指南》（ASTM E1193—97）等。其中，GB/T 21828—2008、EU Method C.20 是根据 OECD TG-211 制定的，技术内容完全一致；EPA OPPTS 850.1300 是协调统一了 OECD TG-211、ASTM E1193—97 等诸多标准的要求形成的标准。虽然上述标准都能用于溞类慢性毒性测试，但是应优先选择符合 OECD 试验准则的方法。上述试验适用于性质稳定、低挥发性的可溶性化学品。对于不稳定物质、难溶物质、络合物等难以进行试验的化学品，需要利用特殊的方法进行处理。

大型溞繁殖试验主要包括以下几个重要步骤：试验准备、正式试验和数据处理（主要内容见表 5-5）。

表 5-5　大型溞繁殖试验重要步骤[5,13,14]

重要步骤	关注点	详情
试验准备	试验溞的选择	选择大型溞（*Daphnia magna*）。存活亲溞所产幼溞的平均值不少于 60 只，如品系 A(来源于法国的 IRCHA)
	试验溞的驯养	试验溞是小于 24h 的非头胎溞，来源于同一健康的保种培养。日常培养的条件与试验条件一致。如果培养基不同，试验前最好设置 3 周的驯养期
	培养基	使用规定的培养基，如 Elendt M4 和 M7 培养基 如果培养基中含有未规定的添加成分，应在报告中详细说明，尤其是含碳组分。建议培养基(在添加藻类食物前)TOC 小于 2mg/L 当受试物含金属时，应特别注意培养基的性质(如硬度、螯合能力)有可能发生改变并改变受试的毒性。此时，不宜使用 Elendt M4、M7 等含螯合剂的培养基，可选择替代培养基，如不含 EDTA 的 ASTM 新鲜水，并加入海藻提取物

重要步骤	关注点	详情
试验准备	培养基	试验开始和试验期间,溶解氧浓度应大于 3mg/L;pH 值在 6～9 范围内,且在同一试验中变化不能超过 1.5 个单位;硬度大于 140mg/L(以 $CaCO_3$ 计)
	试验溶液	试验溶液由储备液稀释而成,储备液最好是将受试物加入试验用水中配制而成。 尽量避免使用溶剂、乳化剂或分散剂。有机溶剂或分散剂在溶液中的最大浓度不能超过 0.1 mL/L
正式试验	暴露条件	试验周期:21d 负荷:亲溞分开培养,每个容器一只,容器中培养基体积一般为 50～100mL。对于流水式试验,试验可分 4 个平行,每组 10 只放在一个较大容器中。 喂食:半静态试验,最好每天喂食,至少每周 3 次(即更换培养基时),否则(如采用流水式试验)应在报告中注明;喂食量应以提供每只溞有机碳数量为基础,即 0.1～0.2 mgC/(溞·天);如果采用替代测定的方法,如藻细胞数量法或光吸收法,来计算喂食率,应单独建立碳含量和藻细胞浓度曲线,并至少每年校准一次;应给溞类喂食经浓缩的藻液。 光照:每天 16 h,光强不超过 15～20μE/(m²·s)。 温度:溶液温度控制在 18～22℃,同一试验中温度变化不超过 2℃。 曝气:不需要
	受试生物	半静态试验,每个试验浓度至少 10 只,并单独分开培养,对照组同样处理。 流水式试验,每个浓度 40 只,分 4 个平行,每组 10 只;或者每个浓度 20 只,平均分成 2 个或 4 个平行。 亲溞随机分配到各试验容器中,此后操作也按随机方式进行
	浓度组	根据急性毒性试验结果选择适当的试验浓度。正式试验一般包括 5 个浓度,按几何级数排布,浓度间隔系数≤3.2。每个浓度应有适当的平行数量和溞数。试验浓度范围内不宜对亲溞的生长产生显著的影响。 若试验估算结果是 EC_x,应有足够多的试验浓度来计算 EC_x 和置信区间。 若试验估算结果是 LOEC 和/或 NOEC,最低浓度组的繁殖量不能显著低于对照组,最高浓度组的繁殖量应显著低于对照组
	对照组	设空白对照组。若使用溶剂或分散剂,还应增设相应的对照组,溶剂或分散剂的浓度应与浓度组中的一致,且最大浓度不能超过 0.1 mL/L。应设适当的平行数

续表

重要步骤	关注点	详情
正式试验	培养基更换频率	更换频率取决于受试物的稳定性,但至少每周 3 次。若受试物不稳定,应考虑增加更换频率或使用流水式系统。半静态试验更换培养基时,应转移亲溞,并注意应尽量减少所吸原培养基的体积
	观察	观察并记录培养基更换、pH 值、氧浓度、温度、喂食、大型溞繁殖、亲溞死亡率、化学分析测定浓度等
	幼溞	从头胎溞开始,每天移出和记录幼溞。计数存活的幼溞以及死胎和死亡的幼溞
	死亡率	每天记录亲溞的死亡情况,至少与幼溞记录次数相同
	其他参数	根据试验情况,建议可测量以下参数:试验结束时亲溞的体长(不包括尾刺)、亲溞第一次产溞时间、每只亲溞的繁殖量、死胎数量、雄溞数或冬卵数、种群内禀增长率等
数据处理	平行数据处理	任一平行中,若亲溞在试验期间死亡或转化为雄溞,则应在结果处理时排除此平行。统计分析应以扣除后的平行数量为基础
	计算 NOEC/LOEC	用方差分析(ANOVA)计算每一浓度几个平行的繁殖量平均值和组内剩余偏差。用适合的多重比较法,如 Dunnett's 检验和 William's 检验,对每一浓度的平均值与对照值进行比较。如果不做此类假设检验,在进行方差分析前应转换数据做齐性检验,或者进行加权方差分析
	计算 EC_x	采用适当的统计方法(如最小二乘法),拟合适当的回归曲线(如对数曲线)。计算 EC_x、标准误差、置信限
	验证试验	利用模型作对数曲线图,验证 EC_x

为确保数据质量,测试试验需要符合以下条件。

① 试验开始时所用幼雌溞溞龄不能超过 24 h,且不能使用第一批子代。

② 为保证试验的有效性,对照组应符合以下要求:一是试验结束时,亲溞死亡率不能超过 20%;二是试验结束时,每只存活亲溞所产成活幼溞量的平均值不小于 60 只。

第三节　快速生物降解性

一、现有测试方法和标准

快速生物降解性是判断危害水生环境（长期危害）的重要参数，是预测化学品是否能在自然环境中降解的重要依据。

快速生物降解性应根据《化学品 快速生物降解性》系列标准进行测定。当受试物在水中的溶解度不低于 100 mg/L 且不发生挥发和吸附时，六种试验方法都适用。对于难溶于水、具有挥发性或吸附性的受试物，应根据《化学品 快速生物降解性通则》（GB/T 27850—2011）的要求，选择适当的试验方法进行测试（详见表 5-6）。

表 5-6　不同快速生物降解性试验方法的适用范围[15]

试验方法	分析方法	适用化学品类型		
		难溶于水	挥发性	吸附性
呼吸计量法试验 GB/T 21801	测定氧气消耗量	适用	视具体情况而定	适用
改进的 MITI 试验（Ⅰ） GB/T 21802	呼吸计量法 测定氧气消耗量	适用	视具体情况而定	适用
DOC 消减试验 GB/T 21803	测定溶解性有机碳	不适用	不适用	视具体情况而定
密闭瓶试验 GB/T 21831	呼吸计量法 测定溶解氧	视具体情况而定	适用	适用
CO_2 产生试验 GB/T 21856	呼吸计量法 测定 CO_2 产生量	适用	不适用	适用
改进的 OECD 筛选试验 GB/T 21857	测定溶解性有机碳	不适用	不适用	视具体情况而定

二、测试方法概述

目前，快速生物降解性的标准试验方法有 6 种，其中改进的 MITI 试验（Ⅰ）最为常用，以下将重点介绍该试验方法。该试验方法对应的国家标准是《化学品 快速生物降解性改进的 MITI 试验（Ⅰ）》（GB/T 21802—2008）。国外涉及该试验方法的标准主要包括《快速生物降解试验：改良 MITI 试验（Ⅰ）》（OECD TG-301C）、《MITI 测试》（EU Method C.4-F）、《快速降解试验》（EPA OPPTS 835.3110）等。其中，GB/T 21802—2008、EU Method C.4-F 是根据 OECD TG-301C 制定的，技术内容完全一致；EPA OPPTS 835.3110 中改进的 MITI 试验（Ⅰ）的技术内容也与 OECD TG-301C 内容完全一致。

改进的 MITI 试验（Ⅰ）主要包括以下几个重要步骤：试验准备、正式试验和数据处理（主要内容见表 5-7）。

表 5-7　改进的 MITI 试验（Ⅰ）[16-18]

重要步骤	关注点	详情
试验准备	接种物	从污水处理厂、河流、湖泊、海洋等不少于 10 个场所收集接种物。 去除漂浮物后进行人工培养至少 1 个月,但不超过 4 个月。 每 3 个月一次从不少于 10 个场所收集新鲜接种物与等量经人工培养的接种物混合,再培养 18～24h 后作为新试验的接种物
	试验用水	高纯度去除毒性物质(如铜离子)的去离子水或蒸馏水,确保有机碳含量不超过受试物浓度的 10%
	培养基制备	取磷酸缓冲液、氯化钙溶液、硫酸镁溶液、氯化铁溶液各 3mL,用试验用水溶解并定容至 1L
正式试验	试验组设计	瓶 2～4:含受试物、试验培养基和接种物的试验组(受试物浓度 100mg/L,接种物浓度 30mg/L)
	对照组设计	瓶 1:非生物降解对照组(受试物和去离子水,受试物浓度 100mg/L); 瓶 5:程序对照组(参比物、试验培养基和接种物,参比物浓度 100mg/L,接种物浓度 30mg/L); 瓶 6:空白对照组(试验培养基和接种物,接种物浓度 30mg/L)。 必要时:毒性对照组
	试验操作	CO_2 吸收杯加 CO_2 吸收剂,装好设备,检查气密性,开始搅拌,在黑暗条件下测量氧消耗量。 每天检查温度和搅拌器状态,定期测溶解氧浓度,注意观察瓶内颜色变化。 28d 试验结束时,测各瓶溶液的 pH 值、残余受试物浓度和代谢中间产物浓度。如果为可溶性物质,测 DOC 浓度;对于挥发性物质要特别注意;如果可能有硝化反应,测硝酸盐和亚硝酸盐浓度
数据处理	测定溶解氧	生物降解率 $= \dfrac{BOD}{ThOD} \times 100\%$
		当瓶 1 中受试物减少时,计算非生物降解率,并用该瓶 28d 后的受试物浓度去计算 BOD
	测定 DOC	$$D_t = \left[1 - \frac{C_t - C_{bl(t)}}{C_0 - C_{bl(0)}}\right] \times 100\%$$ 式中　C_0——试验组初始 DOC 浓度; 　　　C_t——试验组 t 时的 DOC 浓度; 　　　$C_{bl(0)}$——空白对照组的初始 DOC 浓度; 　　　$C_{bl(t)}$——空白对照组 t 时的 DOC 浓度; 　　　D_t——t 时的生物降解率

为确保数据质量，测试试验需要符合以下条件：

① 在稳定期、试验结束时或 10 d 观察期结束时，平行试验之间降解率的级差值小于 20%。

② 试验第 7d 和第 14d 时，参比物降解率分别高于 40% 和 65%。

③ 空白对照组的氧消耗量通常为 20～30 mg/L，28 d 试验期间，氧消耗量不高于 60 mg/L。

④ 若 pH 值超出 6～8.5，且受试物氧消耗量低于 60%，则应设置较低的受试物浓度，重新试验。

第四节　生物富集性

一、现有测试方法和标准

当缺乏水生生物慢性毒性数据时，生物富集性可用于判断危害水生环境（长期危害）。试验方法主要包括半静态式鱼类试验、流水式鱼类试验。在缺乏 BCF 试验数据时，可以用辛醇/水分配系数的对数 $\lg K_{ow}$ 估算生物富集性。

二、测试方法概述

目前，国内涉及鱼类生物富集性试验的国家标准主要包括《化学品 生物富集 流水式鱼类试验》（GB/T 21800—2008）、《化学品 生物富集 半静态式鱼类试验》（GB/T 21858—2008）、《化学农药环境安全评价试验准则 第 7 部分：生物富集试验》（GB/T 31270.7—2014）等。国外涉及该试验方法的标准主要包括《鱼类的生物累积：水和饮食暴露》（OECD TG-305）、《生物富集　流水式鱼类试验》（EU Method C.13）、《鱼类生物富集试验》（BCF）（EPA OC-SPP 855.1730）、《鱼类和双壳软体动物生物富集试验的测试指南》（ASTM E1022—94）等。其中，GB/T 21800—2008、GB/T 21858—2008、EU Method C.13 是根据 OECD TG-305 制定的，技术内容完全一致；EPA OCSPP 855.1730 是协调统一了 OECD TG-205、ASTM E1022—94 等诸多标准的要求形成的标准。

鱼类流水式生物富集试验主要包括以下几个重要步骤：试验准备、正式试验和数据处理（主要内容见表 5-8）。

表 5-8　鱼类流水式生物富集试验[16,19,20]

重要步骤	关注点	详情
试验准备	试验鱼的选择	易于获得、大小合适和试验室内易于驯养。首选本土鱼类稀有鮈鲫（*Gobiocyprisrarus*）
	试验鱼的驯养	试验之前，必须在试验室至少驯养 14 d，每天投喂相当于鱼体重 1%～2%的饲料，确保鱼无外部畸形和疾病。 如果驯养 7 d 内鱼死亡率大于 10%，放弃整批鱼；如果驯养 7d 内鱼死亡率在 5%～10%，再驯养 7 d；如果驯养 7d 内鱼死亡率小于 5%，接受本批鱼，但如果在第二个 7 d 内鱼死亡率超过 5%，放弃整批鱼
	试验用水	无污染、水质稳定的天然水。水中颗粒物不超过 5 mg/L（孔径 0.45 μm 滤膜的截留干物质），TOC 不超过 2mg/L
	试验溶液	将受试物加至试验用水中通过简单的混合或搅拌配制。尽可能不使用溶剂或分散剂（助溶剂），如确需使用，浓度不超过 20 mg/L（±20%）。 每天至少更换试验槽 5 倍体积的水量。试验开始前 48 h 应检查储备液和稀释水的流速，试验期间每天至少核查一次。检查每个试验槽的水流速度，以保证每个试验槽内或各个试验槽之间水流流速变化不超过 20%
正式试验	暴露条件	吸收阶段持续时间：根据实践经验或凭借一定的经验关系式获得，如利用受试物的水溶解性或辛醇/水的分配系数。一般情况下应持续 28 d，除非能证明试验可以更早达到平衡，如果 28 d 仍未达到平衡，可延长持续时间到稳定状态或 60 d。 清除阶段持续时间：一般为吸收阶段持续时间的一半
	试验组	至少 2 个浓度。通常，较高浓度为急性 LC_{50} 的 1%，且该浓度为受试物检出限的 10 倍以上。如果使用了助溶剂，其体积分数应小于 0.1 mL/L，且在所有试验容器中浓度相等
	对照组	稀释水对照组； 如果使用助溶剂，设助溶剂对照组
	试验用鱼	每个浓度组，每次取样至少 4 尾。 试验鱼为同龄同源，体重大小接近，最小的鱼体重不小于最大鱼体重的三分之二
	承载量	推荐使用的承载率为鱼重（湿重）0.1～1 g/(d·L)
	投饵	试验期间，使用相同的饲料，每天投喂相当于鱼体重 1%～2%的饲料。每天喂食之后 30～60 min 内，用虹吸清除剩余饲料和鱼类排泄物
	光照和温度	试验期间，光周期为 12～16 h，温度应控制在受试鱼最适宜温度的±2℃以内
	水质测定	试验组应测定溶解氧、TOC，pH 值和温度，对照组和较高浓度组应测定总硬度和盐度。 溶解氧和盐度测定频率：吸收阶段，至少应测定 3 次，即试验开始时、吸收阶段中期和结束时；清除阶段每周一次

重要步骤	关注点	详情
正式试验	水质测定	TOC测定频率：投入受试鱼前(吸收阶段前24～48h)、吸收阶段和清除阶段每周一次。 pH值测定频率：各个阶段的开始和结束时。 硬度测定频率：每个试验一次。 温度测定频率：每日测量，且至少一个试验容器要连续测量
	取样	取样频率：吸收阶段至少采集鱼样5次，清除阶段至少4次；在加入受试鱼之前，吸收阶段和清除阶段，采集试验槽中的水样测定受试物浓度，且水采样频率不小于鱼采样频率。 取样和样品制备：利用虹吸原理，使用惰性材料管从试验槽中部区域采集水样；每次取鱼样时，取出至少4尾受试鱼，快速用水冲洗受试鱼，吸干体表水分，用最人道的方法快速致死后称重
	样品分析	通常测每尾鱼体内的受试物含量。 如果使用了放射性标记物，可测标记物总量，或者清洗样品后单独测定母体受试物，在稳定态或吸收阶段末(二者取其短)也可鉴定代谢产物
数据处理	BCF计算	将鱼体(或特定组织)中的受试物浓度对时间绘制曲线，如果曲线已经达到了一个稳定的状态，也就是说对于时间轴已经变成了一条近似的渐进线，计算稳定状态时的BCF，即鱼体组织中受试物平均浓度与试验液中受试物平均浓度之比

为确保数据质量，测试试验需要符合以下条件：

① 温度变动小于±2℃。

② 溶解氧浓度不小于60%饱和值。

③ 控制受试物在试验照明条件下发生光转化作用，滤出波长小于290nm的紫外辐射，避免试验鱼暴露于异常的光化产物。

④ 在吸收阶段，试验容器中的受试物浓度保持在测定平均值的±20%范围内。

⑤ 直至试验结束时，对照组和试验组鱼的死亡率、其他不良影响或疾病小于10%；当试验延长数周或数月时，两组中试验鱼或其他不利影响每月应小于5%，并且在整个过程中不大于30%。

参考文献

[1]　GB 30000.28—2013.化学品分类和标签规范 第28部分：对水生环境的危害.北京:中国标准出版社,2013.
[2]　GB/T 29763—2013.化学品 稀有鮈鲫急性毒性试验.北京:中国标准出版社,2013.

[3] GB/T 27861—2011. 化学品 鱼类急性毒性试验. 北京：中国标准出版社，2013.

[4] OECD. OECD Guideline for Testing of Chemicals，Fish Acute Toxicity Test. Paris：OECD，Adopted 17th July，1992.

[5] 环境保护部化学品登记中心，《化学品测试方法》编委会. 化学品测试方法 生物系统效应卷. 2 版. 北京：中国环境出版社， 2013.

[6] GB/T 21830—2008. 化学品 溞类急性活动抑制试验. 北京：中国标准出版社，2008.

[7] OECD. OECD Guideline for Testing of Chemicals，Daphnia sp Acute Immobilisation Test. Paris：OECD，Adopted 13th April，2004.

[8] GB/T 21805—2008. 化学品 藻类生长抑制试验. 北京：中国标准出版社，2008.

[9] OECD. OECD Guideline for Testing of Chemicals，Algal Growth Inhibition Test. Paris：OECD，Adopted 27th July，2011.

[10] GB/T 36700.3—2018. 化学品 水生环境危害分类指导 第 3 部分：水生毒性. 北京：中国标准出版社，2018.

[11] GB/T 21806—2008. 化学品 鱼类幼体生长试验. 北京：中国标准出版社，2008.

[12] OECD. OECD Guideline for Testing of Chemicals，Fish Juvenile Growth Test. Paris：OECD，Adopted 21th Jan，2000.

[13] GB/T 21828—2008. 化学品 大型溞繁殖试验. 北京：中国标准出版社，2008.

[14] OECD. OECD Guideline for Testing of Chemicals，Daphnia magna Reproduction Test. Paris：OECD，Adopted 2nd Oct，2012.

[15] GB/T 27850—2011. 化学品 快速生物降解性 通则. 北京：中国标准出版社，2011.

[16] 环境保护部化学品登记中心，《化学品测试方法》编委会. 化学品测试方法 降解与蓄积卷. 2 版. 北京：中国环境出版社， 2013.

[17] GB/T 21802-2008. 化学品 快速生物降解性 改进的 MITI 试验（Ⅰ）. 北京：中国标准出版社，2008.

[18] OECD. OECD Guideline for Testing of Chemicals，Ready Biodegradability. Paris：OECD，Adopted 17th July，1992.

[19] GB/T 21800—2008. 化学品 生物富集 流水试鱼类试验. 北京：中国标准出版社，2008.

[20] OECD. OECD Guideline for Testing of Chemicals，Bioaccumulation in Fish：Aqueous and Dietary Exposure. Paris：OECD，Adopted 2nd Oct，2012.

第六章

化学品危害信息传递

对化学品危险性进行鉴定与分类，其重要目的之一是在危险化学品各环节管理中，实现化学品危害信息的传递。化学品危害信息传递是正确操作与处置化学品、预防化学事故、正确处理事故、减少化学品危害的重要手段，通过该手段，将化学品分类信息、危险与危害信息传递给化学品使用、经营、储存、运输、废弃等各环节的作业人员，增强作业人员对化学品危害、安全操作和应急处置措施的认识，指导作业人员进行安全作业，这对减少人为因素造成的化学品事故，避免或减少损失具有重要作用。国际 170 号公约明确要求化学品的作业场所应有安全标签，将接触的化学品的名称、危害、应急安全措施和防护方法等内容标示出来，警示作业人员在正常作业时，正确地进行预防和防护，在紧急事态时，明了现场情况，正确地进行应急作业，以达到保障安全和健康的目的[1]。

目前化学品危害信息传递以化学品安全技术说明书 SDS 为主要手段，结合化学品安全标签、作业场所安全警示标志等为各环节操作人员提供化学品信息。SDS 的适用范围最广，可用于化学品的生产、储存、运输、使用以及废弃各个环节；而其他传递手段则只针对某些环境，如化学品安全标签一般适用于产品包装，作业场所安全警示标志适用于作业场所，道路危险货物运输安全卡适用于运输环节，危险废物标签适用于危险废物。

第一节　法律法规要求

化学品危害信息传递在《安全生产法》《危险化学品安全管理条例》等法律法规中均有相应规定，例如，《安全生产法》第三十二条规定，生产经营单位应当在有较大危险因素的生产经营场所和有关设施、设备上，设置明显的安全警示标志。第四十一条规定，生产经营单位应当向从业人员如实告知作业场所和工作岗位存在的危险因素、防范措施以及事故应急措施。《职业病防治法》第二十五条规定，对产生严重职业病危害的作业岗位，应当在其醒目位置，设置警示标志和中文警示说明。第三十条规定，产品包装应当有醒目的警示标志和中文警示说明。储存上述材料的场所应当在规定的部位设置危险物品标识或者放射性警示标志。《危险化学品安全管理条例》（国务院令第591号）第十五条规定，危险化学品生产企业应当提供与其生产的危险化学品相符的化学品安全技术说明书，并在危险化学品包装（包括外包装件）上粘贴或者拴挂与包装内危险化学品相符的化学品安全标签。危险化学品生产企业发现其生产的危险化学品有新的危险特性的，应当立即公告，并及时修订其化学品安全技术说明书和化学品安全标签。《工作场所安全使用化学品规定》（劳动部、化工部发布）第十二条规定，使用单位使用的化学品应有标识，危险化学品应有安全标签，并向操作人员提供安全技术说明书。第二十一条规定，经营单位经营的化学品应有标识。经营的危险化学品必须具有安全标签和安全技术说明书。进口危险化学品时，应有符合本规定要求的中文安全技术说明书，并在包装上加贴中文安全标签。出口危险化学品时，应向外方提供安全技术说明书。对于我国禁用，而外方需要的危险化学品，应将禁用的事项及原因向外方说明。

综上所述，我国政府对化学品危害信息传递非常重视，从法律、法规、标准等层面，均制定了相关管理制度。

第二节　化学品安全技术说明书

化学品安全技术说明书是化学品生产或销售企业向下游用户传递化学品安全信息的重要载体，对化学品各环节作业人员正确识别作业风险、有效控制化学品危害、正确采取防控措施具有重要作用。

《化学品安全技术说明书　内容和项目顺序》（GB/T 16483—2008）规定了SDS的结构、内容及通用形式[2]。《化学品安全技术说明书编写指南》（GB/T 17519—2013）规定了SDS中16个部分的编写细则、SDS的格式、SDS的书写要求[3]。化学品安全技术说明书样例见附录B。

一、化学品安全技术说明书的结构

化学品安全技术说明书含16大项内容，分别是：

①化学品及企业标识；②危险性概述；③成分/组成信息；④急救措施；⑤消防措施；⑥泄漏应急处置；⑦操作处置与储存；⑧接触控制和个体防护；⑨理化特性；⑩稳定性和反应性；⑪毒理学信息；⑫生态学信息；⑬废弃处置；⑭运输信息；⑮法规信息；⑯其他信息。

二、化学品安全技术说明书的编写注意事项

1. 化学品及企业标识

（1）化学品名称　　化学品的中文名称和英文名称应当与标签上的名称一致，有多个名称时，中间用"；"隔开，原则上化学名作为第一名称。化学品属于农药的应将其通用名称作为第一名称，农药的中英文通用名称应分别按照 GB 4839 和 ISO 1750 填写。

（2）电话号码和电子邮件地址　　应为供应商 SDS 责任部门的电话号码和电子邮件地址，便于下游用户能够及时获得技术帮助。

供应商一般是产品的生产商，也可以是能承担 SDS 相关责任的供应商。

（3）应急咨询电话　　必须提供至少 1 家服务主体在中国境内的 24h 化学事故应急咨询电话，必要时能够到事故现场提供救援帮助。

2. 危险性概述

（1）紧急情况概述　　描述在事故状态下化学品可能立即引发的严重危害，以及可能具有严重后果需要紧急识别的危害，为化学事故现场救援人员处置时提供参考。该内容置于危险性概述的起始位置，可使用醒目字体或加边框。

（2）危险性类别　　填写《〈危险化学品目录〉实施指南》《危险化学品分类信息表》中的分类结果。如果该化学品没有列入《危险化学品分类信息表》，则填写按照《化学品分类和标签规范》（GB 30000）系列国家标准及《危险化学品目录》关于危险化学品的确定原则，对化学品进行分类所得到的分类结果。该结果一般由第三方有化学品危险性鉴定与分类资质的机构出具。分类结果按照化学品的物理危险、健康危害和环境危害的危险性类别依次填写。

（3）标签要素　　提供的标签要素应符合《化学品分类和标签规范》（GB 30000）系列国家标准的相关规定。SDS 标签要素的内容应与化学品安全标签上的要素内容一致。

3. 成分/组成信息

应列明包括对该物质的危险性分类产生影响的杂质和稳定剂在内的所有危险组分的名称，以及浓度或浓度范围。按照浓度递减顺序标注组分的质量分数

或体积分数或浓度范围。

对于混合物中供应商需要保密的组分，根据需要保密的具体情况，组分的真实名称、CAS 号可不写，但应在 SDS 的相关部分列明其相关信息。发生意外进行应急处置而需要真实组分信息时，企业应向应急处置人员公开相关信息，知晓该信息的人员必须为企业保守秘密。

4. 急救措施

（1）急救措施的描述　根据化学品的不同接触途径，按照吸入、皮肤接触、眼睛接触和食入的顺序，分别描述相应的急救措施。如果存在除中毒、化学灼伤外必须处置的其他损伤（例如低温液体引起的冻伤，固体熔融引起的烧伤等），也应说明相应的急救措施。所提出的急救措施，应与 SDS 的第 2 部分中健康危害项的内容相互对应，并应与标签上描述的急救措施保持一致。

（2）最重要的症状和健康影响　如果接触化学品后能引起迟发性效应，应描述最重要的症状和健康影响。

5. 消防措施

（1）灭火剂　填写适用的灭火剂和不适用的灭火剂。适用灭火剂的选用可参考有关专业书籍、标准等，不适用灭火剂包括那些可能与着火物质发生化学反应或急剧的物理变化而导致其他危害的灭火剂，例如某些物质遇水反应释放出可燃或有毒气体，导致火场更危险。建议填写灭火剂不适用的原因。

（2）特别危险性　提供在火场中化学品可能引起的特别危害。例如：化学品燃烧可能产生有毒有害燃烧产物，遇高热时容器内压缩气体（或液体）急剧膨胀发生爆炸，或发生物料聚合放热，导致容器内压增大引起开裂或爆炸等。

（3）灭火注意事项及防护措施　不同化学品以及在不同情况下发生火灾时，扑救方法差异很大，若处置不当，不仅不能扑灭火灾，反而会使灾情进一步扩大。化学品本身及其燃烧产物大多具有较强的毒害性和腐蚀性，极易造成人员中毒、灼伤。因此，扑救化学危险品火灾是一项极其重要又非常危险的工作。

灭火过程中应特别注意的问题，例如对有爆炸危险性的物质，灭火人员应尽量利用现场现成的掩蔽体或尽量采用卧姿等低姿射水，尽可能地采取自我保护措施。切忌用沙土盖压，以免增强爆炸物品爆炸时的威力。扑救气体火灾时切忌盲目扑灭火势，在没有采取堵漏措施的情况下，必须保持稳定燃烧。否则，大量可燃气体泄漏出来与空气混合，遇着火源就会发生爆炸，后果将不堪设想。

如果火场中有压力容器或有受到火焰辐射热威胁的压力容器，能疏散的应尽量在水枪的掩护下疏散到安全地带，不能疏散的应部署足够的水枪进行冷却保护。为防止容器爆裂伤人，进行冷却的人员应尽量采用低姿射水或利用现场坚实的掩蔽体防护。对卧式储罐，冷却人员应选择储罐四侧角作为射水阵地。

在填写本项时，应包括泄漏物和消防水对水源和土壤污染的可能性，以及减少这些环境污染应采取的措施等方面的信息。

6. 泄漏应急处置

填写化学品泄漏应急处置人员的防护措施、防护装备和应急处置程序，环境保护措施，泄漏化学品的收容、清除方法及所使用的处置材料，防止发生次生灾害的预防措施等。

应急处置人员选择防护措施时，应注意根据化学品本身特性和场合选择不同的防护器具。例如，对于泄漏化学品毒性大、浓度较高，且缺氧情况下，必须采用氧气呼吸器、空气呼吸器、送风式长管面具等。对于泄漏中氧气浓度不低于18％，毒物浓度在一定范围内的场合，可以采用过滤式防毒面具。

泄漏处理时要提示不要使泄漏物进入下水道或受限空间，说明一旦进入受限空间应该如何处理。

7. 操作处置与储存

（1）操作处置　就化学品日常操作处置的注意事项和措施提出建议。包括防止人员接触的注意事项和措施、操作中的防火防爆措施、局部通风或全面通风措施、防止产生气溶胶和粉尘的注意事项和措施、防止与禁配物接触的注意事项，以及禁止在工作场所进食、饮水，使用后洗手、进入餐饮区前脱掉污染的衣着和防护装备等一般卫生要求建议等。

（2）储存　填写化学品的安全储存条件。例如，库房及温湿度条件，包括要求库房阴凉、通风，库房温度、湿度不得超过某一规定数值等；安全设施与设备，包括防火、防爆、防腐蚀、防静电以及防止泄漏物扩散的措施；与禁配物的储存要求；添加抑制剂或稳定剂的要求；适合和不适合该化学品的包装材料等。

8. 接触控制和个体防护

（1）职业接触限值　根据《工作场所有害因素职业接触限值 化学有害因素》（GBZ 2.1）填写工作场所空气中本品或混合物中各组分化学物质容许浓度值，包括最高容许浓度（MAC）、时间加权平均容许浓度（PC-TWA）和短时间接触容许浓度（PC-STEL）。对于国内尚未制定职业接触限值的物质，可填写国外发达国家规定的该物质的职业接触限值。例如美国政府工业卫生学家会议（American Conference of Governmental Industrial Hygienists，ACGIH）

的阈限值（TLV），包括阈限值-时间加权平均浓度（TLV-TWA）、阈限值-短时间接触限值（TLV-STEL）和阈限值-上限值（TLV-C）。如果预计化学品在使用过程中能够产生其他空气污染物，应列出这些污染物的职业接触限值。

（2）生物限值　准确填写国内已有标准规定的生物限值。对于国内未制定生物限值标准的物质，可填写国外尤其是发达国家规定的该物质的生物限值。例如美国政府工业卫生学家会议制定的生物接触限值（biological exposure indices，BEIs）。

例如，《职业接触正己烷的生物限值》（WS/T 243—2004）规定的正己烷的职业接触生物限值为尿中 2,5-己二酮的浓度不超过 $35.0\mu mol/L$ 或者 $4.0mg/L$。

（3）工程控制　根据化学品的用途，列明减少接触的工程控制方法。例如："使用局部排风系统，保持空气中的浓度低于职业接触限值""仅在密闭系统中使用""使用机械操作，减少人员与材料的接触""采用粉尘爆炸控制措施"。

（4）个体防护装备　应根据化学品的危险特性和接触的可能性，提出推荐使用的个体防护装备。包括以下几方面。

① 呼吸系统防护：根据化学品的形态（气体、蒸气、雾或尘）、危险特性及接触的可能性，填写适当的呼吸防护装备，例如过滤式呼吸器及合适的过滤元件（滤毒盒或滤毒罐）。

② 眼面防护：根据眼面部接触的可能性，具体说明所需眼面护品的类型。

③ 皮肤和身体防护：根据化学品的危险特性及除手之外身体其他部位皮肤接触的可能性，具体说明需穿戴的个体防护装备［如防护服、防护鞋（靴）］的类型、材质等。

④ 手防护：根据化学品的危害特性及手部皮肤接触的可能性，具体说明所需防护手套的类型、材质等。

9. 理化特性

编写理化特性时应当注意：

对于混合物，应当提供混合物的理化特性数据，在特殊情况下不能获取其整体理化特性信息的情况下，应填写混合物中对其危险性有影响的组分的理化特性。应明确注明相关组分的名称，并与 SDS 第 3 部分——成分/组成信息填写的名称一致。

除 GB/T 16483 中要求列出的理化特性外，如果有放射性、体积密度、热值、软化点、黏度、挥发百分比、饱和蒸气浓度（包括温度）、升华点、液体电导率、金属腐蚀速率、粉尘粒径/粉尘分散度、最小点火能（MIE）、最小爆炸浓度（MEC）等数据，也应列出。

10. 稳定性和反应性

（1）稳定性　描述在正常环境下以及预计的储存、处置温度和压力条件下，物质或混合物是否稳定。说明为保持物质或混合物的化学稳定性，可能需要使用的任何稳定剂。说明物质或混合物的外观变化有何安全意义。

（2）危险反应　说明物质或混合物能否发生伴有诸如压力升高、温度升高、危险副产物形成等现象的危险反应。危险反应包括（但不限于）聚合、分解、缩合、与水反应和自反应等。应注明发生危险反应的条件。

（3）应避免的条件　列出可能导致危险反应的条件，如热、压力、撞击、静电、震动、光照等。

（4）禁配物　列出物质或混合物的禁配物。当物质或混合物与这些禁配物接触时，能发生反应而引发危险（例如爆炸、释放有毒或可燃物质、释放大量的热等）。为避免禁配物列出过多，有些在任何情况下都不可能接触到的禁配物不必列出。禁配物可为某些类别的物质、混合物，或者特定物质，例如水、空气、酸、碱、氧化剂等。

（5）危险的分解产物　列出已知和可合理预计会因使用、储存、泄漏或受热产生的危险分解产物，例如可燃和有毒物质、窒息性气体等。分解产物一氧化碳、二氧化碳和水除外；有害燃烧产物应包括在第 5 部分消防措施中，不必在此项中列出。

11. 毒理学信息

本部分所提供的信息应能用来评估物质、混合物的健康危害和进行危险性分类，并与 SDS 相关部分相对应。包括：人类健康危害资料（例如流行病学研究、病例报告或人皮肤斑贴试验等）、动物试验资料（例如急性毒性试验、反复染毒毒性试验等）、体外试验资料（例如体外哺乳动物细胞染色体畸变试验、Ames 试验等）、结构-活性关系（SAR）[例如定量结构-活性关系（QSAR）]等。

① 对于动物试验数据，应简明扼要地填写试验动物种类（雌雄）、染毒途径（经口、经皮、吸入等）、频度、时间和剂量等方面的信息。对于中毒病例报告和流行病学调查信息，应分别描述。

② 应按照不同的接触途径（例如吸入、皮肤接触、眼睛接触、食入）提供有关接触物质或混合物后引起毒性作用（健康影响）方面的信息。

③ 提供能够引起有害健康影响的接触剂量、浓度或条件方面的信息。如

有可能，接触量（包括可能引起损害的接触时间）应与出现的症状和效应相联系。例如，"接触本品浓度 $10mg/m^3$ 出现呼吸道刺激；$250\sim300mg/m^3$ 出现呼吸困难；$500mg/m^3$ 神志丧失，30min 后死亡""小剂量接触可出现头痛和眩晕，随病情进展出现昏厥或神志丧失，大剂量可导致昏迷甚至死亡"。

④ 如果有关试验或调查研究的资料为阴性结果，亦应填写。例如："大鼠致癌性试验研究结果表明，癌症的发病率没有明显增加"。

⑤ 如有可能，应提供物质相互作用方面的信息。

在不能获得特定物质或混合物危险性数据的情况下，可酌情使用类似物质或混合物的相关数据，但要清楚地进行说明。不宜采用无数据支持的"有毒"或"如使用得当无危险"等一般性用语，易引起误解，且未对化学品的健康影响作出具体描述。如果没有获得健康影响方面的信息，应作出明确说明。

混合物毒性作用（健康影响）的描述应注意以下问题：

① 对于某特定毒性作用，如果有混合物整体试验（观察）数据，应填写其整体数据；如果没有混合物整体试验（观察）数据，应填写 SDS 第 3 部分——成分/组成信息中列出组分的相关数据。

② 各组分在体内有可能发生相互作用，致使其吸收、代谢和排泄速度发生变化。因此，毒性作用可能发生改变，混合物的总毒性可能有别于其组分的毒性。在填写时应予以考虑。

③ 应考虑每种成分的浓度是否足以影响混合物的总毒性（健康影响）。除以下情况外，应列出相关组分的毒性作用（健康影响）信息。

a. 如果组分间存在相同的毒性作用（健康影响），则不必将其重复列出。例如，在两种组分都能引起呕吐和腹泻的情况下，不必两次列出这些症状，总体描述这种混合物能够引起呕吐和腹泻即可。

b. 组分的存在浓度不可能引起相关效应。例如，轻度刺激物被无刺激性的溶液稀释降低到一定浓度，则整体混合物将不可能引起刺激。

c. 各组分之间的相互作用难以预测，因此在不能获取相互作用信息的情况下，不能任意假设，而应分别描述每种组分的毒性作用（健康影响）。

12. 生态学信息

本部分为 SDS 第 2 部分——危险性概述中的环境危害分类提供支持性信息。编写本部分应注意以下事项。

① 对于试验资料，应清楚说明试验数据、物种、媒介、单位、试验方法、试验间期和试验条件等。

② 提供以下环境影响方面的摘要信息：

a. 生态毒性：提供水生和（或）陆生生物的毒性试验资料。包括鱼类、甲壳纲、藻类和其他水生植物的急性和慢性水生毒性的现有资料；其他生物（包括土壤微生物和大生物），如鸟类、蜂类和植物等的现有毒性资料。如果物质或混合物对微生物的活性有抑制作用，应填写对污水处理厂可能产生的影响。

b. 持久性和降解性：是指物质或混合物相关组分在环境中通过生物或其他过程（如氧化或水解）降解的可能性。如有可能，应提供有关评估物质或混合物相关组分持久性和降解性的现有试验数据。如填写降解半衰期，应说明这些半衰期是指矿化作用还是初级降解。还应填写物质或混合物的某些组分在污水处理厂中降解的可能性。

对于混合物，如有可能应提供 SDS 第 3 部分——成分/组成信息中所列出组分的持久性和降解性方面的信息。

c. 潜在的生物累积性：应提供评估物质或混合物某些组分生物累积潜力的有关试验结果，包括生物富集系数（BCF）和辛醇/水分配系数（K_{ow}）。

对于混合物，如有可能应提供 SDS 第 3 部分——成分/组成信息中所列出组分的潜在的生物累积性方面的信息。

d. 土壤中的迁移性：是指排放到环境中的物质或混合物组分在自然力的作用下迁移到地下水或排放地点一定距离以外的潜力。如能获得，应提供物质或混合物组分在土壤中迁移性方面的信息。物质或混合物组分的迁移性可经由相关的迁移性研究确定，如吸附研究或淋溶作用研究。吸附系数（K_{oc}）值可通过 K_{ow} 推算；淋溶和迁移性可利用模型推算。

对于混合物，如有可能应提供 SDS 第 3 部分——成分/组成信息中所列出组分的土壤中的迁移性方面的信息。

e. 其他环境有害作用：如有可能，应提供化学品其他任何与环境影响有关的资料，如环境转归、臭氧损耗潜势、光化学臭氧生成潜势、内分泌干扰作用、全球变暖潜势等。

13. 废弃处置

该部分说明废弃化学品和被污染的任何包装物的处置方法，例如焚烧、填埋或回收利用等。说明影响废弃处置方案选择的废弃化学品的物理化学特性。说明焚烧或填埋废弃化学品时应采取的任何特殊防范措施。提请下游用户注意国家和地方有关废弃化学品的处置法规。

14. 运输信息

提供该危险货物在国内外运输中的有关编号与分类信息。根据需要，可区分陆运、内陆水运、海运、空运填写信息。

① 危险货物编号（UN 号）：提供联合国《关于危险货物运输的建议书 规章范本》《危险货物品名表》（GB 12268）中的联合国危险货物编号，即 UN 号。

② 运输名称：提供联合国《关于危险货物运输的建议书 规章范本》《危险货物品名表》（GB 12268）中的危险货物运输名称。

③ 危险性分类：提供联合国《关于危险货物运输的建议书 规章范本》《危险货物品名表》（GB 12268）中对应危险货物的运输危险性类别或项别、次要危险性。

④ 包装类别：提供联合国《关于危险货物运输的建议书 规章范本》、《危险货物品名表》（GB 12268）中的包装类别。

⑤ 海洋污染物（是/否）：根据《国际海运危险货物规则》注明物质或混合物是否为已知的海洋污染物。

⑥ 运输注意事项：为使用者提供应该了解或遵守的其他与运输或运输工具有关的特殊防范措施方面的信息，包括：运输工具要求，消防和应急处置器材配备要求，防火、防爆、防静电等要求，禁配要求，行驶路线要求等。

15. 法规信息

编写本部分时应注意：

① 根据实际需要，标明国内外管理该化学品的法律（或法规）的名称，提供基于这些法律（或法规）管制该化学品的法律（法规）、规章或标准等方面的具体信息。

② 如果化学品已列入有关化学品国际公约的管制名单，应在本部分说明。

③ 提请下游用户注意遵守有关该化学品的地方管理规定。

④ 如果该化学品为混合物，则应提供混合物中相关组分的上述各项要求相应的信息。

16. 其他信息

应提供 SDS 其他各部分没有包括的，对于下游用户安全使用化学品有重要意义的其他任何信息。例如：

① 编写和修订信息。应说明最新修订版本与修订前相比有哪些改变。

② 缩略语和首字母缩写。列出编写 SDS 时使用的缩略语和首字母缩写，并作适当说明。例如：

MAC：最高容许浓度（maximum allowable concentration，MAC），指工作地点、在一个工作日内、任何时间有毒化学物质均不应超过的浓度。

PC-TWA：时间加权平均容许浓度（permissible concentration-time weighted average，PC-TWA），指以时间为权数规定的8h工作日、40h工作周的平均容许接触浓度。

PC-STEL：短时间接触容许浓度（permissible concentration-short term exposure limit，PC-STEL），指在遵守PC-TWA前提下允许短时间（15min）接触的浓度。

③ 培训建议。根据需要，提出对员工进行安全培训的建议。

④ 参考文献。编写SDS使用的主要参考文献和数据源，可在SDS的本部分中列出。

⑤ 免责声明。必要时可在SDS的本部分给出SDS编写者的免责声明。

三、化学品安全技术说明书的格式与书写要求

1. 幅面尺寸

SDS的幅面尺寸一般为A4，也可以是供应商认为合适的其他幅面尺寸，按竖式编排。

2. 编排格式

（1）首页上部

① 使用显著字体排写"化学品安全技术说明书"大标题。

② 给出编制SDS化学产品的名称，名称的填写应符合GB/T 16483的要求。

③ 注明SDS最初编制日期。注明SDS的修订日期（指最后修订的日期）。

④ 注明本SDS编写依据的标准，即"按照GB/T 16483、GB/T 17519编制"。

⑤ 如有SDS编号，应在此给出。

⑥ 如有SDS的版本号，应在此给出。

（2）首页后各页上部

① 首页已给出的产品名称。

② 首页已给出的修订日期。

③ 首页已给出的SDS编号。

3. 页码系统及其位置

按照GB/T 16483规定的页码系统编写页码，印在SDS每一页页脚线下居中或右侧位置。

4. 内文

（1）16 部分的编排要求　16 部分的标题、编号和前后顺序不应随意变更；16 部分的大标题排版要使用醒目字体，且在标题上下留有一定空间。

（2）16 部分中各小项的编排要求　小项标题排版要醒目，但不编号；小项应按 GB/T 16483 中指定的顺序排列。

5. 书写要求

① SDS 应使用规范中文汉字编制。

② SDS 的文字表达应准确、简明、扼要、易懂、逻辑严谨，避免使用不易理解或易产生歧义的语句。

③ 在书写时应选用经常使用的、熟悉的词语。

第三节　化学品安全标签

化学品安全标签[4] 是化学品危险、危害信息传递的重要手段，指粘贴、挂拴或喷印在化学品的外包装或容器上，用于标识危险化学品信息的一组书面、印刷或图形信息的组合。

化学品安全标签包括化学品标识、象形图、警示词、危险性说明、防范说明、应急咨询电话、供应商标识、资料参阅提示语等。

《化学品安全标签编写规定》（GB 15258）规定了化学品安全标签的内容、编写要求及使用方法。

《化学品安全标签编写规定》（GB 15258）规定产品安全标签已有专门标准规定的，例如农药、气瓶等，按专门标准执行。

一、化学品安全标签的编制

1. 语言

该部分属于强制性内容。《化学品安全标签编写规定》（GB 15258—2009）规定标签正文应使用简捷、明了、易于理解、规范的汉字表述，也可以同时使用少数民族文字或外文，但意义必须与汉字相对应，字号应小于汉字。相同的含义应用相同的文字或图形表示。

根据上述规定，只要在中国境内，化学品安全标签的文字不允许全部是外文或者中国少数民族文字。

2. 颜色

该部分属于强制性内容。标签内象形图的颜色根据《化学品分类和标签规范》（GB 30000）系列国家标准的规定执行，一般使用黑色符号加白色背景，方块边框为红色。正文应使用与底色反差明显的颜色，一般采用黑白色。若在国内使用，方块边框可以为黑色。

3. 标签尺寸

本部分不属于强制性内容，企业可按照《化学品安全标签编写规定》（GB 15258—2009）的要求设计自己产品的标签，也可以根据实际情况设计标签的尺寸。

《化学品安全标签编写规定》（GB 15258—2009）规定，对不同容量的容器或包装，标签最低尺寸如表 6-1 所示。

表 6-1 不同容量的容器或包装标签的最低尺寸

容器或包装容积/L	标签尺寸/(mm×mm)
≤0.1	使用简化标签
>0.1~≤3	50×75
>3~≤50	75×100
>50~≤500	100×150
>500~≤1000	150×200
>1000	200×300

4. 内容

该部分属于强制性内容，企业编制化学品安全标签时，必须严格执行。特别注意的是，每部分中规定的相对位置不得变更。

（1）化学品标识　用中文和英文分别标明化学品的化学名称或通用名称。名称要求醒目清晰，位于标签的上方。应特别注意，名称应与化学品安全技术说明书中的名称一致。

对混合物应标出对其危险性分类有影响的主要组分的化学名称或通用名、浓度或浓度范围。当需要标出的组分较多时，组分个数以不超过 5 个为宜。选择标出的组分时，应当首先选择危险性大、一旦发生事故后果严重的组分。对于属于商业机密的成分可以不标明，但应列出其危险性。

（2）象形图　采用《化学品分类和标签规范》（GB 30000）系列国家标准规定的象形图，《化学品危险信息短语与代码》（GB/T 32374—2015）列出了《化学品分类和标签规范》（GB 30000）系列国家标准中规定的象形图，共 9 个，详见表 6-2[5]。

表 6-2　象形图与符号名称

象形图			
符号名称	爆炸弹	火焰	圆圈上方火焰
象形图			
符号名称	高压气瓶	腐蚀	骷髅和交叉骨
象形图			
符号名称	感叹号	健康危害	环境

（3）警示词　根据化学品的危险程度和类别，用"危险""警告"两个词分别进行危害程度的警示。警示词位于化学品名称的下方，要求醒目、清晰。根据《化学品分类和标签规范》（GB 30000）系列国家标准，选择不同类别危险化学品的警示词。

（4）危险性说明　简要概述化学品的危险特性。居警示词下方。根据《化学品分类和标签规范》（GB 30000）系列国家标准，选择不同类别危险化学品的危险性说明。

（5）防范说明　表述化学品在处置、搬运、储存和使用作业中所必须注意的事项和发生意外时简单有效的救护措施等，要求内容简明扼要、重点突出。该部分应包括安全预防措施、意外情况（如泄漏、人员接触或火灾等）的处理、安全储存措施及废弃处置等内容。

（6）供应商标识　列明供应商名称、地址、邮编、电话等。供应商一般是产品的生产商，也可以是能承担化学品相关责任的供应商。

（7）应急咨询电话　填写化学品生产商或生产商委托的 24h 化学事故应急咨询电话。

国外进口化学品安全标签上应至少有 1 家服务主体在中国境内的 24h 化学事故应急咨询电话。

（8）资料参阅提示语　提示化学品用户应参阅化学品安全技术说明书。

（9）危险信息先后排序　当某种化学品具有两种及两种以上的危险性时，安全标签的象形图、警示词、危险性说明的先后顺序规定如下：

① 象形图先后顺序。物理危险象形图的先后顺序，根据 GB 12268 中的主

次危险性确定，未列入 GB 12268 的化学品，以下危险性类别总是主危险：爆炸物、易燃气体、易燃气溶胶、氧化性气体、加压气体、自反应物质和混合物、自燃液体和自燃固体、有机过氧化物。其他主危险性的确定按照《联合国危险货物运输的建议书 规章范本》的危险性先后顺序确定方法来确定。

对于健康危害，按照以下先后顺序：如果使用了骷髅和交叉骨符号，则不应出现感叹号符号；如果使用了腐蚀符号，则不应出现感叹号来表示皮肤或眼睛刺激；如果使用了呼吸致敏物的健康危害符号，则不应出现感叹号来表示皮肤致敏物或者皮肤/眼睛刺激。

② 警示词先后顺序。存在多种危险性时，如果在安全标签上选用了警示词"危险"，则不应出现警示词"警告"。

③ 危险性说明先后顺序。所有危险性说明都应当出现在安全标签上，按物理危险、健康危害、环境危害顺序排列。

5. 简化标签

该部分属于强制性内容，主要解决由于包装过小而无法粘贴正常标签的问题。标准规定，对于小于等于 100 mL 的化学品小包装，安全标签要素包括化学品标识、象形图、警示词、危险性说明、应急咨询电话、供应商名称及联系电话、资料参阅提示语即可。

二、化学品安全标签样例

化学品安全标签的式样不属于强制性内容，标签的内容只要符合标准规定，式样可由企业根据包装容器的具体情况进行设计。

（1）化学品安全标签样例　见图 6-1。

（2）简化标签样例　当包装小于等于 100mL 时，可以采用简化标签，详见图 6-2。

三、化学品安全标签的印刷与使用

1. 印刷

① 标签的边缘要加一个黑色边框，边框外应留大于等于 3mm 的空白，边框宽度大于等于 1mm。

② 象形图必须从较远的距离，以及在烟雾条件下或容器部分模糊不清的条件下也能看到。

化学品名称　　A组分：40%；B组分：60%

危险　　

极易燃液体和蒸气，食入致死，对水生生物毒性非常大

【预防措施】
· 远离热源、火花、明火、热表面。使用不产生火花的工具作业。
· 保持容器密闭。
· 采取防止静电措施，容器和接收设备接地/连接。
· 使用防爆电器、通风、照明及其他设备。
· 戴防护手套/防护眼镜/防护面罩。
· 操作后彻底清洗身体接触部位。
· 作业场所不得进食、饮水或吸烟。

【事故响应】
· 如皮肤（或头发）接触：立即脱掉所有被污染的衣服。用水冲洗皮肤/淋浴。
· 食入：催吐，立即就医。
· 收集泄漏物。
· 火灾时，使用干粉、泡沫、二氧化碳灭火。

【安全储存】
· 在阴凉、通风良好处储存。
· 上锁保管。

【废弃处置】
· 本品及内装物、容器依据国家和地方法规处置。

请参阅化学品安全技术说明书

供应商：XXXXXXXX　　　　　　　　　　　　　　电话：XXXXXX

地　　址：XXXXXXXX　　　　　　　　　　　　　邮编：XXXXXX

国家化学事故应急咨询专线：XXXXXX

图 6-1　化学品安全标签样例

化学品名称

危险　　　

极易燃液体和蒸气，食入致死，对水生生物毒性非常大

请参阅化学品安全技术说明书

供应商：**************************　　电话：******

化学事故应急咨询电话：××××××

图 6-2　化学品安全标签简化标签样例

③ 标签的印刷应清晰，所使用的印刷材料和胶黏材料应具有耐用性和防水性。

其中，①、②属于强制性内容，编制化学品安全标签时必须严格执行。

2. 使用

该部分不属于强制性内容。

（1）使用方法

① 安全标签应粘贴、挂栓或喷印在化学品包装或容器的明显位置。

② 当与运输标志组合使用时，运输标志可以放在安全标签的另一面，将之与其他信息分开，也可放在包装上靠近安全标签的位置，后一种情况下，若安全标签中的象形图与运输标志重复，安全标签中的象形图应删掉。与运输标志组合使用情况见图 6-3。

③ 对组合容器，要求内包装加贴（挂）安全标签，外包装加贴运输标志，如果不需要运输标志可以加贴安全标签。组合容器标签加贴情况见图 6-4。

（2）位置

安全标签的粘贴、喷印位置规定如下：

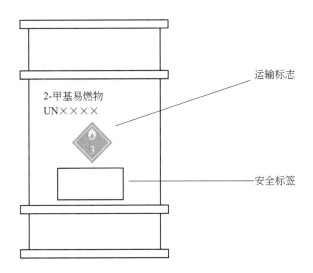

图 6-3 安全标签与运输标志的组合使用

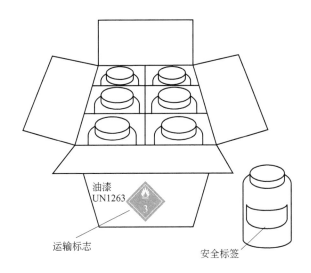

图 6-4 组合容器安全标签的加贴

① 桶、瓶形包装：位于桶、瓶侧身；

② 箱状包装：位于包装端面或侧面明显处；

③ 袋、捆包装：位于包装明显处。

（3）使用注意事项

① 安全标签的粘贴、挂栓或喷印应牢固，保证在运输、储存期间不脱落，

不损坏。

② 安全标签应由生产企业在货物出厂前粘贴、挂栓或喷印。若要改换包装，则由改换包装单位重新粘贴、挂栓或喷印标签。

对于进口的化学品，只要化学品进入中国境内，其包装上必须具有符合《化学品安全标签编写规定》（GB 15258—2009）规定的安全标签。

③盛装危险化学品的容器或包装，在经过处理并确认其危险性完全消除之后，方可撕下安全标签，否则不能撕下。

第四节　化学品作业场所安全警示标志

化学品作业场所安全警示标志[6] 是化学品作业场所危害信息传递的重要手段，是以文字和图形符号组合的形式，表示化学品在工作场所具有的危险性和安全注意事项。标志要素包括化学品标识、理化特性、危险象形图、警示词、危险性说明、防范说明、个体防护用品说明、资料参阅提示语以及报警电话等。

《化学品作业场所安全警示标志规范》（AQ 3047）规定了化学品作业场所安全警示标志的内容、编制与使用要求。该标准适用于化工企业生产、使用化学品的场所、储存化学品的场所以及构成重大危险源的场所。

一、化学品作业场所安全警示标志的编制

1. 标志内容

（1）化学品标识　化学品作业场所安全警示标志应列明化学品的中文化学名称或通用名称，以及美国化学文摘号（CAS 号）。化学品标识要求醒目、清晰，位于标志的上方。名称应与化学品安全技术说明书中的名称一致。

（2）理化特性　根据危险化学品的危险特性，列出相应的理化数据，包括闪点、爆炸极限、密度、挥发性等。

（3）危险象形图　采用《化学品分类和标签规范》（GB 30000）系列国家标准规定的危险象形图，表 6-3 列出了 9 种危险象形图对应的危险性类别。

表 6-3　9 种危险象形图

危险象形图			
对应的危险性类别	爆炸物,不稳定爆炸物类别 1~4； 自反应物质和混合物,A、B 型； 有机过氧化物,A、B 型	加压气体	氧化性气体； 氧化性液体； 氧化性固体
危险象形图			
对应的危险性类别	易燃气体,类别 1； 易燃气溶胶； 易燃液体,类别 1~3； 易燃固体； 自反应物质和混合物,B~F 型； 自热物质和混合物； 自燃液体； 自燃固体； 有机过氧化物,B~F 型； 遇水放出易燃气体的物质和混合物	金属腐蚀物； 皮肤腐蚀/刺激,类别 1； 严重眼损伤/眼刺激,类别 1	急性毒性,类别 1~3
危险象形图			
对应的危险性类别	急性毒性,类别 4； 皮肤腐蚀/刺激,类别 2； 严重眼损伤/眼刺激,类别 2A； 皮肤过敏	呼吸过敏； 生殖细胞致突变性； 致癌性； 生殖毒性； 特异性靶器官毒性——次接触； 特异性靶器官毒性-反复接触； 吸入危害	对水环境的危害,急性类别 1,慢性类别 1、2

（4）警示词　根据化学品的危险程度和类别，用"危险""警告"两个词分别进行危害程度的警示。根据《化学品分类和标签规范》（GB 30000）系列国家标准，选择不同类别危险化学品的警示词。警示词位于化学品名称的下方，要求醒目、清晰。

（5）危险性说明　简要概述化学品的危险特性。根据《化学品分类和标签规范》（GB 30000）系列国家标准，选择不同类别危险化学品的危险性说明，要求醒目、清晰。

（6）防范说明　表述化学品在处置、搬运、储存和使用作业中所应注意的事项和发生意外时简单有效的救护措施等，要求内容简明扼要、重点突出。该部分应包括安全预防措施、意外情况（如泄漏、人员接触或火灾等）的处理、安全储存措施及废弃处置等内容。防范说明按照《化学品安全标签编写规定》（GB 15258）的规定表述。

（7）个体防护用品说明　个体防护用品使用防护图形标志来表示。根据化学品作业场所的危险特性，单独或组合使用防护图形标志。防护图形标志按照《安全标志及其使用导则》（GB 2894）的规定选择。

（8）报警电话　填写发生危险化学品事故后的报警电话。

（9）资料参阅提示语　提示参阅化学品安全技术说明书。

（10）危险信息先后排序　当化学品具有两种及两种以上的危险性时，作业场所安全警示标志的象形图、警示词、危险性说明的先后顺序按照《化学品安全标签编写规定》（GB 15258）的规定执行。

2. 标志样例

作业场所化学品安全警示标志样例见图 6-5。

3. 编制

（1）编写　化学品作业场所安全警示标志应与化学品安全技术说明书的信息一致。要不断补充信息资料，若发现新的危险性，及时更新。

（2）颜色　危险象形图的颜色根据《化学品分类和标签规范》（GB 30000）系列国家标准的规定执行，一般使用黑色符号加白色背景，方块边框为红色。警示词应使用黄色，搭配黑色对比底色。正文应使用与底色反差明显的颜色，一般采用黑白色。

（3）字体　化学品标识、警示词、危险性说明以及标题宜使用黑体，其他内容宜使用宋体。字体要求醒目、清晰。

（4）标志大小　通常情况下，横版标志的大小不宜小于 80 cm×60 cm，竖版标志的大小不宜小于 60cm×90cm。

苯

CAS号: 71-43-2

危险

极易燃液体和蒸气!
食入有害!
引起皮肤刺激!
引起严重眼睛刺激!
怀疑可致遗传性缺陷!
可致癌!
对水生生物有毒!

【理化特性】
无色透明液体; 闪点-11℃; 爆炸上限8%, 爆炸下限1.2%; 密度比水小, 比空气大; 易挥发。

【预防措施】
远离热源/火花/明火/热表面。禁止吸烟。保持容器密闭。采取防止静电措施。容器和接收设备接地/连接。使用防爆电器/通风/照明等设备。只能使用不产生火花的工具。得到专门指导后操作。在阅读并了解所有安全预防措施之前, 切勿操作。按要求使用个体防护装备。戴防护手套/防护眼镜/防护面罩。避免吸入烟气/气体/烟雾/蒸气/喷雾。操作后彻底清洗。操作现场不得进食、饮水或吸烟。禁止排入环境。

【事故响应】
火灾时使用泡沫、干粉、二氧化碳、砂土灭火。如接触或有担心, 感觉不适, 就医。脱去被污染的衣服, 洗净后方可重新使用。如皮肤(或头发)接触: 立即脱掉所有被污染的衣服。用大量肥皂水和水冲洗皮肤/淋浴。如发生皮肤刺激。就医。如果食入: 立即呼叫中毒控制中心或就医。不要催吐。如接触眼睛: 用水细心冲洗数分钟。如戴隐形眼镜并可方便取出则取出。取出隐形眼镜, 继续冲洗。如果眼睛刺激持续, 就医。

【安全储存】
在阴凉通风处储存。保持容器密闭。上锁保管。

【废弃处置】
本品/容器的处置推荐使用焚烧法。

【个体防护用品】

请参阅化学品安全技术说明书

报警电话: *******

图6-5　化学品作业场所安全警示标志样例

（5）印制

① 化学品作业场所安全警示标志的制作应清晰、醒目，应在边缘加一个黄黑相间条纹的边框，边框宽度≥3 mm。

② 采用坚固耐用、不锈蚀的不燃材料制作，有触电危险的作业场所使用绝缘材料，有易燃易爆物质的场所使用防静电材料。

二、化学品作业场所安全警示标志的应用与注意事项

1. 设置的位置

在作业场所的出入口、外墙壁或反应容器、管道旁等醒目位置。

2. 设置方式

化学品作业场所安全警示标志设置方式分附着式、悬挂式和柱式三种。悬挂式和附着式应稳固不倾斜，柱式应与支架牢固地连接在一起。

3. 设置高度

设置的高度，应尽量与人眼的视线高度相一致。悬挂式和柱式的下缘距地面的高度不宜小于 1.5m。

4. 注意事项

① 化学品作业场所安全警示标志应设在醒目处，并使进入作业场所的人员看见后，有足够的时间来注意它所表示的内容。

② 化学品作业场所安全警示标志不应设在门、窗、架等可移动的物体上。标志前不得放置妨碍认读的障碍物。

③ 标志的平面与视线夹角应接近 90°，观察者位于最大观察距离时，最小夹角不低于 75°。

参考文献

[1] 国际劳工组织 . 作业场所安全使用化学品公约 . 1990.
[2] 化学品安全技术说明书 内容和项目顺序 . GB/T 16483—2008.
[3] 化学品安全技术说明书编写指南 . GB/T 17519—2013.
[4] 化学品安全标签编写规定 . GB 15258—2009.
[5] 化学品危险信息短语与代码 . GB/T 32374—2015.
[6] 化学品作业场所安全警示标志规范 . AQ 3047—2013.

外文缩写及中文翻译对照表

外文缩写	外文全称	中文翻译
A_C	Corrected Burning Rate	校正燃烧速率
ACGIH	American Conference of Governmental Industrial Hygienists	美国政府工业卫生学家会议
ANOVA	Analysis of Variance	方差分析
ANE	Ammonium Nitration Emulsions	硝酸铵乳剂
ASTM	American Society of Testing Materials	美国材料试验协会
ATC	Acute Toxic Class	分类法
BAM[①]	The Bundesanstalt für Materialforschung und -prüfung[①]	联邦材料检验局
BCF	Bioconcentration Factors	生物富集系数
BCOP	Bovine Corneal Opacity and Permeability	牛角膜混浊和通透性试验
BEIs	Biological Exposure Indices	生物接触限值
BOD	Biochemical Oxygen Demand	生物需氧量
CAS	Chemical Abstracts Service	（美国）化学文摘社
CFR	Code of Federal Regulations	（美国）联邦法律
CHRIP	Chemical Risk Information Platform	（日本）化学物质危险信息平台
CIPAC	Collaborative International Pesticides Analytical Council	国际农药分析协作委员会
CIS[②]	International Occupational Safety and Health Information Centre	国际职业安全卫生信息中心
CL	Clean Animal	清洁动物
CLP	EU Regulation on Classification, Labeling and Packaging of Substances and Mixtures	欧盟关于物质和混合物分类、标签和包装的法规
CV	Conventional Animal	普通动物
DNA	Deoxyribo Nucleic Acid	脱氧核糖核酸
DOC	Dissolved Organic Carbon	溶解有机碳
DSC	Differential Scanning Calorimetry	差示扫描量热仪
DTA	Differential Thermal Analysis	差热分析
EC_{50}	Median Effect Concentration	半数效应浓度
ECHA	European Chemicals Agency	欧洲化学品管理局
EC No.	European Inventory of Existing commercial Chemical Substances Number	欧洲现有商业化学品目录编号

续表

外文缩写	外文全称	中文翻译
ECOTOX	Ecotoxicology Database	（美国）生态毒理学数据库
ECSOC	Economic and Social Council	联合国经济和社会理事会
ECVAM	European Centre for the Validation of Alternative Method	欧洲替代方法验证中心
EC_x	Concentration Causing $x\%$ Effect	引起 $x\%$ 效应的浓度
EDTA	Ethylenediamine Tetraacetic Acid	乙二胺四乙酸
EIS	Extremely Insensitive Substance	极不敏感引爆爆炸物
EPA	Environmental Protection Agency	（美国）环保局
ErC_{50}	EC_{50} in Terms of Reduction of Growth Rate	用生长速率下降表示的 EC_{50}
ERMA	Environmental Risk Management Authority	新西兰环境风险管理局
EST	Embryonic Stem Cell Test	胚胎干细胞检测法
EU	European Union	欧洲联盟委员会
FCA	Freund's Complete Adjuvant	福氏完全佐剂
FDP	Fixed Dose Procedure	固定剂量试验法
FETAX	Frog Embryo Teratogenesis Assay-Xenopus	爪蟾胚胎（非洲蟾蜍胚胎）致畸实验
GCL	Generic Concentration Limits	一般浓度限值
GF	Germ Free Animal and Gnotobiotic Animal	无菌动物
GHS	Globally Harmonized System of Classification and Labelling of Chemicals	全球化学品统一分类和标签制度
GLP	Good Laboratory Practice	良好实验室规范
GPMT	Guinea Pig Maximization Test	豚鼠最大反应试验
HCS	Hazard Communication Standard	（美国）危险性公示标准
HET-CAM	Hen's Egg Test-Chorioallantoic Membrane	鸡胚-尿囊膜试验
HSNO	Hazardous Substances and New Organisms	（新西兰）危险物质和新有机体
IARC	International Agency for Research on Cancer	国际癌症研究机构
ICAO	International Civil Aviation Organization	国际民航组织
ICE	Isolated Chicken Eye Test Method	离体鸡眼试验
ICH	International Council for Harmonisation of Technical Requirements for Pharmaceuticals for Human Use	人用药品注册技术要求国际协会
ICSC	International Chemical Safety Cards	国际化学品安全卡
K_{ow}	Octanol-Water-Partitioning Coefficient	辛醇-水分配系数
ILO	International Labour Organization	国际劳工组织
IMO	International Maritime Organization	国际海事组织
IPCS	International Programme on Chemical Safety	国际化学品安全规划署
IRE	Isolated Rabbit Eye	离体兔眼试验
IRIS	Integrated Risk Information System	（美国）综合化学物质综合危险性信息系统
J-CHECK	Japan Chemical Collaborative Knowledge Database	（日本）化学物质控制法数据库

续表

外文缩写	外文全称	中文翻译
JIS	Japanese Industrial Standards	日本工业技术标准
LC$_{50}$	Median Lethal Concentration	半数致死浓度
LD$_{100}$	Absolute Lethal Dose	绝对致死剂量
LD$_{50}$	Median Lethal Dose	半数致死量
LLNA	Local Lymph Node Assay	局部淋巴结分析试验
LOEC	Lowest Observed Effect Concentration	最低观察效应浓度
MAC	Maximum Allowable Concentration	最高容许浓度
MM	Micromass Culture	微团培养法
MTD、LD$_0$	Maximum Tolerance Dose	安全剂量
NCI	National Cancer Institute	(美国)国家癌症研究所
NCTR	National Center for Toxicological Research	(美国)国家毒理学研究中心
NIEHS	Institute of Environment Health Sciences	(美国)国家环境卫生科学研究所
NIOSH	National Institute for Occupational Safety and Health	(美国)国家职业安全与健康研究所
NITE	National Institute of Technology and Evaluation	(日本)国立技术与评价研究所
NOAEL	No Observable Adverse Effect Level	可见有害效应水平
NOEC	No Observed Effect Concentration	无显见效果浓度
NTP	National Toxicology Program	(美国)国家毒理学计划
ODP	Ozone Depleting Potential	臭氧消耗潜能值
OECD	Organization for Economic Cooperation and Development	经济合作与发展组织
OPPTS	Prevention，Pesticides and Toxic Substances	(美国)预防、农药和有毒物质办公室
OSHA	Occupational Safety and Health Agency	(美国)职业安全与健康管理局
PBT	Persistent，Bioaccumulative，Toxic	持久性、生物蓄积性、毒性
PC-STEL	Permissible Concentration-Short Term Exposure Limit	短时间接触容许浓度
PC-TWA	Permissible Concentration-Time Weighted Average	时间加权平均容许浓度
PRTR	Pollutant Release and Transfer Register	(日本)污染物排放与转移登记制度
QSAR	Quantitative Structure-Activity Relationship	定量构效关系
RAC	Risk Assessment Council	风险评估委员会
REACH	Registration，Evaluation，Authorisation and Restriction of Chemicals	化学品注册、评估、授权和限制法规
RfCs	Reference Concentrations	吸入参考浓度
RfDs	Reference Dose	经口参考剂量
SADT	Self Accelerating Decomposition Temperature	自加速分解温度
SAE	Society of Automotive Engineers	(美国)机动车工程师学会

续表

外文缩写	外文全称	中文翻译
SAPT	Self-Accelerating Polymerization Temperature	自加速聚合温度
SCGE	Single Cell Gel Electrophoresis	单细胞凝胶电泳试验
SCL	Specific Concentration Limits	特定浓度限值
SDS	Safety Data Sheets	安全数据表
SPF	Specific Pathogen Free Animal	无特定病原体动物
TG	Guidelines for the Testing of Chemicals	化学品测试导则
TLV-C	Threshold Limit Value-Ceiling	阈限值-上限值
TLV-STEL	Threshold Limit Value-Short Term Exposure Limit	短时间接触阈限值
TLV-TWA	Threshold Limit Value-Time Weighted	时间加权平均浓度阈限值
TOC	Total Organic Carbon	总有机碳
TDG	Recommendations on the Transport of Dangerous Goods Model Regulations	关于危险货物运输的建议书 规章范本
UDP	Up and Down Procedure	上下增减剂量法
UN CETDG	The United Nations Committee of Experts on the Transport of Dangerous Goods	联合国危险货物运输专家委员会
WEC	Whole Embryo Culture	全胚胎培养法
WHO	World Health Organization	世界卫生组织

①此处为德文缩写和全称。

②此处为法文缩写。

注：未标注的缩写和全称为英文。

化学品安全技术说明书样例

产品名称：苯　　　　　　　　　　　按照 GB/T 16483、GB/T 17519 编制

修订日期：2019 年 5 月 17 日　　　SDS 编号：××××× - ×××

最初编制日期：2001 年 11 月 20 日　版本：2.1

第 1 部分　化学品及企业标识

化学品中文名：苯

化学品英文名：benzene

企业名称：××××××公司

企业地址：××省××市××区××路××号

邮　　编：××××××　　　传真：×××× - ××××××××

联系电话：×××× - ×××××××；×××× - ××××××××

电子邮件地址：×××××@×××.com

企业应急电话：×××× - ××××××××× （24h）；国家化学事故应急咨询专线 （已签委托协议）：0532-83889090 （24h）

产品推荐及限制用途：染料、塑料、合成橡胶、合成纤维、合成药物和农药的重要原料。用作溶剂。

第 2 部分　危险性概述

紧急情况概述：

　　易燃液体和蒸气。其蒸气能与空气形成爆炸性混合物。重度中毒出现意识障碍、呼吸循环衰竭、猝死。可发生心室纤颤。损害造血系统。可致白血病

GHS 危险性类别：

　　易燃液体　类别 2

皮肤腐蚀/刺激　类别2

严重眼损伤/眼刺激　类别2

致癌性　类别1A

生殖细胞致突变性　类别1B

特异性靶器官毒性-一次接触　类别3

特异性靶器官毒性-反复接触　类别1

吸入危害　类别1

危害水生环境（急性）　类别2

危害水生环境（慢性）　类别3

标签要素：

象形图：

警示词：危险

危险性说明：高度易燃液体和蒸气，引起皮肤刺激，引起严重眼刺激，可致癌，可引起遗传性缺陷，可能引起昏睡或眩晕，长期或反复接触引起器官损伤，吞咽并进入呼吸道可能致命，对水生生物有毒，并且有长期持续影响。

防范说明：

·预防措施：

——在得到专门指导后操作。在未了解所有安全措施之前，切勿操作。

——远离热源、火花、明火、热表面。使用不产生火花的工具作业。

——采取防止静电措施，容器和接收设备接地/连接。

——使用防爆型电器、通风、照明及其他设备。

——保持容器密闭。

——仅在室外或通风良好处操作。

——避免吸入蒸气（或雾）。

——戴防护手套和防护眼镜。

——空气中浓度超标时戴呼吸防护器具。

——妊娠、哺乳期间避免接触。

——作业场所不得进食、饮水、吸烟。

——操作后彻底清洗身体接触部位。污染的工作服不得带出工作场所。

——应避免释放到环境中。

　　•事故响应

　　——如食入，立即就医。禁止催吐。

　　——如吸入，立即将患者转移至空气新鲜处，休息，保持有利于呼吸的体位。就医。

　　——眼接触后应该用水清洗若干分钟，注意充分清洗。如戴隐形眼镜并可方便取出时，应将其取出，继续清洗。就医。

　　——皮肤（或头发）接触，立即脱去所有被污染的衣着，用大量肥皂水和水冲洗。如发生皮肤刺激，就医。受污染的衣着在重新穿用前应彻底清洗。

　　——收集泄漏物。

　　——发生火灾时，使用雾状水、干粉、泡沫或二氧化碳灭火。

　　•安全储存

　　——在阴凉、通风良好处储存。

　　——上锁保管。

　　•废弃处置

　　——本品或其容器采用焚烧法处置。

物理和化学危险：易燃液体和蒸气。其蒸气与空气混合，能形成爆炸性混合物。遇明火、高热能引起燃烧爆炸。与强氧化剂能发生强烈反应。流速过快，容易产生和积聚静电。其蒸气比空气重，能在较低处扩散到相当远的地方，遇火源会着火回燃。

健康危害：

　　急性中毒：短期内吸入大量苯蒸气引起急性中毒。轻者出现头晕、头痛、恶心、呕吐、黏膜刺激症状，伴有轻度意识障碍。重度中毒出现中、重度意识障碍或呼吸循环衰竭、猝死。可发生心室纤颤。

　　慢性中毒：长期接触可引起慢性中毒。可有头晕、头痛、乏力、失眠、记忆力减退症状；造血系统改变，白细胞减少（计数低于 4×10^9/L）、血小板减少，重者出现再生障碍性贫血；有易感染和（或）出血倾向。少数病例在慢性中毒后可发生白血病（以急性粒细胞性为多见）。

　　皮肤损害有脱脂、干燥、皲裂、皮炎。

环境危害：对水生生物有毒，有长期持续影响。

第 3 部分　成分/组成信息

组分名称	浓度或浓度范围	CAS No.
苯	99（质量分数，%）	71-43-2

第 4 部分　急救措施

急　救：

吸　　　入：迅速脱离现场至空气新鲜处。保持呼吸道畅通。如呼吸困难，给输氧。呼吸心跳停止，立即进行心肺复苏术。立即就医。

皮肤接触：脱去污染的衣着，用肥皂水和清水彻底冲洗皮肤。如有不适感，就医。

眼睛接触：分开眼睑，用流动清水或生理盐水冲洗。如有不适感，就医。

食　　　入：漱口，饮水，禁止催吐。就医。

对施救者的防护：进入事故现场应佩戴携气式呼吸防护器。

对医生的特别提示：急性中毒可用葡萄糖醛酸内酯；忌用肾上腺素，以免发生心室纤颤。

第 5 部分　消防措施

灭火剂：

用水雾、干粉、泡沫或二氧化碳灭火剂灭火。

避免使用直流水灭火，直流水可能导致可燃性液体的飞溅，使火势扩散。

特别危险性：

易燃液体和蒸气。燃烧会产生一氧化碳、二氧化碳、醛类和酮类等有毒气体。在火场中，容器内压增大，有开裂和爆炸的危险。

灭火注意事项及防护措施：

消防人员须佩戴携气式呼吸器，穿全身消防服，在上风向灭火。

尽可能将容器从火场移至空旷处。

喷水保持火场容器冷却，直至灭火结束。

处在火场中的容器若已变色或从安全泄压装置中发出声音，必须马上撤离。

隔离事故现场，禁止无关人员进入。

收容和处理消防水，防止污染环境。

第 6 部分　泄漏应急处置

作业人员防护措施、防护装备和应急处置程序：

建议应急处理人员戴携气式呼吸器，穿防静电服，戴橡胶耐油手套。

禁止接触或跨越泄漏物。

作业时使用的所有设备应接地。

尽可能切断泄漏源。

消除所有点火源。

根据液体流动和蒸气扩散的影响区域划定警戒区，无关人员从侧风、上风向撤离至安全区。

环境保护措施： 收容泄漏物，避免污染环境。防止泄漏物进入下水道、地表水和地下水。

泄漏化学品的收容、清除方法及所使用的处置材料：

小量泄漏：尽可能将泄漏液体收集在可密闭的容器中。用沙土、活性炭或其他惰性材料吸收，并转移至安全场所。禁止冲入下水道。

大量泄漏：构筑围堤或挖坑收容。封闭排水管道。用泡沫覆盖，抑制蒸发。用防爆泵转移至槽车或专用收集器内，回收或运至废物处理场所处置。

第 7 部分　操作处置与储存

操作注意事项：

操作人员应经过专门培训，严格遵守操作规程。

操作处置应在具备局部通风或全面通风换气设施的场所进行。

避免眼和皮肤的接触，避免吸入蒸气。个体防护措施参见第 8 部分。

远离火种、热源，工作场所严禁吸烟。

使用防爆型的通风系统和设备。

灌装时应控制流速，且有接地装置，防止静电积聚。

避免与氧化剂等禁配物接触（禁配物参见第 10 部分）。

搬运时要轻装轻卸，防止包装及容器损坏。

倒空的容器可能残留有害物。

使用后洗手，禁止在工作场所进食、饮水。

配备相应品种和数量的消防器材及泄漏应急处理设备。

储存注意事项：

储存于阴凉、通风的库房。

库温不宜超过 37℃。

应与氧化剂、食用化学品分开存放，切忌混储（禁配物参见第 10 部分）。

保持容器密封。

远离火种、热源。

库房必须安装避雷设备。

排风系统应设有导除静电的接地装置。

采用防爆型照明、通风设施。

禁止使用易产生火花的设备和工具。

储存区应备有泄漏应急处理设备和合适的收容材料。

第8部分　接触控制和个体防护

职业接触限值：

组分名称	标准来源	类型	标准值	备注
苯	GBZ 2.1—2019	PC-TWA	$6mg/m^3$	皮[①],G1[②]
		PC-STEL	$10mg/m^3$	

① 通过完整的皮肤吸收引起的全身效应。

② IARC 致癌性分类：确认人类致癌物。

生物限值：

组分名称	标准来源	生物监测指标	生物限制	采样时间
苯	ACGIH(2009)	尿中 S(苯巯基尿酸)	$25\mu g/g$(肌酐)	班末
		尿中 t,t-黏糠酸	$500\mu g/g$(肌酐)	

监测方法：

工作场所空气有毒物质测定方法（GB/T 160.42）：溶剂解析-气相色谱法、热解析-气相色谱法、无泵型采样-气相色谱法。

生物监测检验方法（ACGIH）尿中 t,t-黏糠酸-高效液相色谱法；尿中 S(苯巯基尿酸)-气相色谱/质谱法。

工程控制：

本品属高毒物品，作业场所应与其他作业场所分开。

密闭操作，防止蒸气泄漏到工作场所空气中。

加强通风，保持空气中的浓度低于职业接触限值。

设置自动报警装置和事故通风设施。

设置应急撤离通道和必要的泄险区。

设置红色区域警示线、警示标志和中文警示说明，并设置通信报警系统。

提供安全淋浴和洗眼设备。

个体防护装备：

呼吸系统防护：空气中浓度超标时，佩戴过滤式防毒面具（半面罩）。紧急事态抢救或撤离时，佩戴携气式呼吸器。

手防护：戴橡胶耐油手套。

眼睛防护：戴化学安全防护眼镜。

皮肤和身体防护：穿防毒物渗透工作服。

第9部分　理化特性

外观与性状：无色透明液体，有强烈芳香味。

pH 值：无资料

熔点(℃)：5.5

沸点(℃)：80

闪点(℃)(闭杯)：－11

爆炸上限[%(体积分数)]：8.0

爆炸下限[%(体积分数)]：1.2

饱和蒸气压(kPa)(20℃)：10

相对密度(水＝1)：0.88

相对蒸气密度(空气＝1)：2.7

辛醇/水分配系数(lgK_{ow})：2.13

临界温度(℃)：288.9

临界压力(MPa)：4.92

自然温度(℃)：498

分解温度(℃)：无资料

燃烧热(kJ/mol)：3264.4

蒸发速率[乙酸(正)丁酯＝1]：5.1

易燃性(固体、气体)：不适用

黏度(mPa·s)(25℃)：0.604

气味阈值(mg/m³)：15(4.68×10⁻⁶)

溶解性：不溶于水，溶于醇、醚、丙酮等多数有机溶剂。

第10部分　稳定性和反应性

稳定性：在正常环境温度下储存和使用时，本品稳定。

危险反应：与强氧化剂等禁配物接触，有发生火灾和爆炸的危险。

应避免的条件：静电放电、热等。

禁配物：氯、硝酸、过氧化氢、过氧化钠、过氧化钾、三氧化铬、高锰酸、臭氧、二氟化二氧、六氟化铀、液氧、过（二）硫酸、过一硫酸、乙硼烷、高氯酸盐（如高氯酸银）、卤间化合物等。

危险的分解产物：无资料。

第11部分　毒理学信息

急性毒性：

大鼠经口 LD_{50} 范围为 810～10016 mg/kg。大鼠使用数量较大试验的结果显示经口 LD_{50} 大于 2000 mg/kg[1]。

兔经皮 LD_{50}：≥8200mg/kg[2]。

大鼠吸入 LC_{50}：44.6mg/L (4h)[3]。

皮肤腐蚀/刺激：

兔标准德瑞兹试验：20mg（24h），中度皮肤刺激[4]。

兔皮肤刺激试验：0.5mL（未稀释，4h），中度皮肤刺激[5]。

眼损伤/眼刺激：

兔眼内滴入1～2滴未稀释液苯，引起结膜中度刺激和角膜一过性轻度损伤[2,3]。

呼吸道或皮肤致敏：

未见苯对皮肤和呼吸系统有致敏作用的报道[1,2]。从苯的化学结构分析，本品不可能引起与呼吸道和皮肤过敏有关的免疫性改变[1]。

生殖细胞致突变性：

体内研究显示，苯对哺乳动物和人有明显的体细胞致突变作用。有关生殖细胞致突变的显性试验没有得出明确的结论。根据苯对精原细胞的遗传效应的阳性数据及其毒物代谢动力学特点，苯有到达性腺并导致生殖细胞发生突变的潜在能力[1]。

致癌性：

苯所致白血病已列入《职业病目录》，属职业性肿瘤。

IARC对本品的致癌性分类：G1——确认人类致癌物[6]。

生殖毒性：

动物实验结果显示，苯在对母体产生毒性的剂量下出现胚胎毒性[7,8]。

特异性靶器官毒性-一次接触：

大鼠经口和小鼠吸入苯后出现麻醉作用；吸入麻醉作用的阈值约为13000 mg/m^3[3]。

人吸入高浓度或口服大剂量苯引起急性中毒，表现为中枢神经系统抑制，甚至死亡。急性中毒的原因主要是工业事故或为追求快感而故意吸入含苯产品。除非发生死亡，接触停止后中枢神经系统的抑制症状可逆[2,3]。

特异性靶器官毒性-反复接触：

大鼠吸入最低中毒浓度（TCLO）：300mg/m^3（每天6h，共13周，间断）白细胞减少[4]。

小鼠吸入最低中毒浓度（TCLO）：300mg/m^3（每天6h，共13周，间断），出现贫血和血小板减少[4]。

人反复或长期接触苯主要对骨髓造血系统产生抑制作用，出现血小板减少、白细胞减少、再生障碍性贫血，甚至发生白血病。这些毒效应取决于接触剂量、时间以及受影响干细胞的发育阶段[3]。

一项对32名苯中毒者的研究显示，患者吸入接触苯的时间为4个月到15

年，接触浓度为 $480\sim2100$ mg/m³（$150\times10^{-6}\sim650\times10^{-6}$），出现伴有再生不良、过度增生或幼红细胞骨髓象的各类血细胞减少。其中 8 名有血小板减少，导致出血和感染[3]。

吸入危害：

液苯直接吸入肺部，可立即在肺组织接触部位引起水肿和出血[1]。

第 12 部分 生态学信息[1]

生态毒性：

鱼类急性毒性试验（OECD 203）：虹鳟（*Oncorhynchus mykis*）LC_{50}：5.3 mg/L（96h）。

使用流水式试验系统，对苯浓度进行实时监测。

溞类 24h EC_{50} 急性活动抑制试验（OECD 202）：大型溞（*Daphnia magna*）EC_{50}：10mg/L（48h）。

藻类生长抑制试验（OECD 201）：羊角月牙藻（*Selenastrum capricornutum*）ErC_{50}：100 mg/L（72h）。使用密闭系统。

鱼类早期生活阶段毒性试验（OECD 210）：呆鲦鱼（*Pimephales promelas*）NOEC：0.8 mg/L（32d）。

持久性和降解性：

非生物降解：苯不会水解，不易直接光解。在大气中，与羟基自由基反应降解的半衰期为 13.4d。

生物降解性：呼吸计量法试验（OECD 301F），28d 后降解率 82%～100%（满足 10d 的观察期）。试验表明，苯易快速生物降解。

潜在的生物累积性：

生物富集系数（BCF）：大西洋鲱（*Clupea harrengus*）为 11；高体雅罗鱼（*Leuciscus idus*）<10。众多鱼类试验表明苯的生物富集性很低。

土壤中的迁移性：

有氧条件下被土壤和有机物吸附，厌氧条件下转化为苯酚；根据 K_{oc} 值估算，苯易挥发。因此，苯在土壤中有很强的迁移性。

第 13 部分 废弃处置

废弃化学品：

尽可能回收利用。如果不能回收利用，采用焚烧方法进行处置。

不得采用排放到下水道的方式废弃处置本品。

污染包装物：

将容器返还生产商或按照国家和地方法规处置。

废弃注意事项：

废弃处置前应参阅国家和地方有关法规。

处置人员的安全防范措施参见第 8 部分。

第 14 部分　运输信息

联合国危险货物编号（UN 号）： 1114

联合国危险性分类： 3

运输名称： 苯

包装类别： Ⅱ

包装标志： 易燃液体

包装方法： 小开口钢桶；螺纹口玻璃瓶、铁盖压口玻璃瓶、塑料瓶或金属桶（罐）外普通木箱。

海洋污染物（是/否）： 否

运输注意事项：

本品铁路运输时限使用企业自备钢制罐车装运，装运前需报有关部门批准。

铁路运输时应严格按照铁路总公司《铁路危险货物运输管理规则》中的危险货物配装表进行配装。

运输车辆应配备相应品种和数量的消防器材及泄漏应急处置设备。

严禁与氧化剂、食用化学品等混装混运。

装运该物品的车辆排气管必须配备阻火装置。

使用槽（罐）车运输时应有接地链，槽内可设孔隔板以减少震荡产生静电。

禁止使用易产生火花的机械设备和工具装卸。

夏季最好早晚运输。

运输途中应防暴晒、雨淋，防高温。

中途停留时应远离火种、热源、高温区。

公路运输时要按规定路线行驶，勿在居民区和人口稠密区停留。

铁路运输时要禁止溜放。

第 15 部分　法规信息

下列法律、法规、规章和标准，对该化学品的管理作了相应的规定。

《中华人民共和国职业病防治法》。

《职业病危害因素分类目录》：列入。可能导致的职业病：苯中毒、苯所致白血病。

《职业病分类和目录》：苯中毒，苯所致白血病。

《危险化学品安全管理条例》。

《危险化学品目录》：列入。

《危险化学品重大危险源监督管理暂行规定》。

GB 18218《危险化学品重大危险源辨识》：类别为易燃液体，临界量为 50t。

《国家安全监管总局关于公布首批重点监管的危险化学品名录的通知》附件《首批重点监管的危险化学品名录》：列入。

《使用有毒物品作业场所劳动保护条例》。

《高毒物品目录》。列入。

《新化学物质环境管理办法》。

《中国现有化学物质名录》：列入。

第 16 部分　其他信息

编写和修订信息：

与第一版相比，本修订版 SDS 对下述部分的内容进行了修订：

第 2 部分——危险性概述，增加了 GHS 危险性分类和标签要素。

第 9 部分——理化特性，增加了黏度数据。

第 11 部分——毒理学信息。

第 12 部分——生态学信息。

参考文献

[1] European Union Risk Assessment Report—benzene，2008.

[2] Australia. National Industrial Chemicals Notification and Assessment Schem（NICNAS），Priority Existing Chemical Assessment Report No 21—Benzene.

[3] International Programme on Chemical Safety（IPCS）. Environmental Health Criteria（ECH）150——Benzene，1993.

[4] Symyx Technologies. Registry of Toxic Effects of Chemical Substances（RTECS），http：//ccinfoweb. ccohs. ca/rtecs/search. html.

[5] Canadian Centre for Occupational Health and Safety（CCOHS）. Cheminfo Database，http：//ccinfoweb. ccohs. ca/cheminfo/search. html.

［6］ International Agency for Research on Cancer (IARC). Summaries & Evaluations Benzene 1982, 29: 93.

［7］ National Toxicology Program (NTP) Technical Report Series No 289. Toxicology and Carcinogenesis Studies of Benzene in F344/N Rats and B6C3F1 Mice (Gavage Studies), 1986

［8］ Agency for Toxic Substances and Disease Registry (ATSDR). Toxicological Profile for Benzene, 2007.

缩略语和首字母缩写：

PC-TWA：时间加权平均容许浓度（Permissible Concentration-time Weighted Average），指以时间为权数规定的 8h 工作日、40h 工作周的平均容许接触浓度。

PC-STEL：短时间接触容许浓度（Permissible Concentration-Short Term Exposure Limit），指在遵守 PC-TWA 前提下允许短时间（15min）接触的浓度。

IARC：国际癌症研究机构（International Agency for Research on Cancer）。

ACGIH：美国政府工业卫生学家会议（American Conference of Governmental Industrial Hygienists）。

免责声明：

本 SDS 的信息仅适用于所指定的产品，除非特别指明，对于本产品与其他物质的混合物等情况不适用。本 SDS 只为那些受过适当专业训练的该产品的使用人员提供产品使用安全方面的资料。本 SDS 的使用者，在特殊的使用条件下必须对该 SDS 的适用性作出独立判断。在特殊的使用场合下，由于使用本 SDS 所导致的伤害，本 SDS 的编写者将不负任何责任。

索　引